The World Champion's Popular Sweets

世界冠軍烘焙職人
超人氣甜點

Learn from the World Champion's Pastry Chef

40 款完美比例的蛋糕 × 塔類 × 巧克力 × 餅乾 × 奶酪布蕾 × 糖果製作配方

獨家傳授
幸福甜點教學影音
QRcode

德國IBA慕尼黑甜點大賽世界冠軍
RSET艾斯特烘焙創辦人

易嘉明 ——— 著

超過900張圖解，
第一次做甜點就成功！

世界冠軍的幸福甜點（修訂版）

新手父母

Contents 目錄

1 巧克力類

2 塔類

3 奶酪布蕾類

4 餅乾類

完全不藏私，打造幸福烘焙的推手

　　成為烘焙達人是每位師傅進入烘焙業的夢想，但是在追求過程中很多人半途而廢，而真正能堅持完成夢想的人不多，我第一次見到楊嘉明師傅是在2012年勞委會第一屆勞動達人盃麵包職類比賽時，他以高超手藝及美好風味及口感的作品脫穎而出獲得冠軍。

　　成功的達人背後多有隱藏著很多奮鬥成長史，楊師傅當然也不例外，從小在從事烘焙業的家族中耳濡目染成長，身上已經留著烘焙人的血，又從傳統麵包店學徒開始一路學習而成長為師傅、開平餐飲學校老師到現在艾斯特烘焙公司經營者，歷經20年期間的磨練，早已經足夠成為一位達人。但是楊師傅不以此為滿足，一定要去站上世界舞台接受世界大賽的挑戰，2015年赴德國參加 IBA 慕尼黑甜點大賽，一躍成為世界冠軍，完成了他的夢想。

　　喜歡甜點美食的人，內心總是充滿喜悅與幸福的，而楊師傅說他是一位打造幸福感的推手，因此不藏私將40道巧克力、餅乾、奶酪布蕾、手工餅乾果凍軟糖等美味甜點透過本書傳授給喜歡的人，書中有各種豐富的口味與產品種類，從清爽的水果口味，健康的堅果，濃郁的巧克力，甚至到許多可愛的外型。從基礎的麵糊、各種餡料、霜飾等到完美產品組合，無論初學者、烘焙店及餐廳甜點師傅，創造產品慶生聚會時，都能派上用場製造幸福好滋味！

　　本書楊師傅更融入他多年來教學經驗，創造做甜點時親子互動，讓孩子從學習中如何對事情保持專注及耐心，製作過程中讓孩子思考事情的先後順序，如何安排操作並與其他人分工合作，如何領導大家完成事情，遇到失敗也不會感到氣餒、利用結果被肯定和欣賞來增加孩子的自信心，培養孩子對學習烘焙的興趣。

以愛傳承，體驗烘焙的幸福生活

開平餐飲一直以來都提倡教學相長，要求老師除了自身專業的提升，也要能將所學向下傳承，並以此與學生相互砥礪、激盪創意，開創與時俱進的餐飲新視野。曾於開平餐飲學校任教的嘉明師傅就具備了這樣的特質，他不只自身樂於學習，也很願意將知識與學生分享，我還記得他在開平餐飲授課時，是最受學生歡迎的烘焙師傅之一，有許多學生都很喜歡上他的課。

他本身學的是西點，但來到開平餐飲後精益求精，學了麵包、拉糖等技術，最後甚至還抱回了世界冠軍，他的認真與努力也用於教學之上，總是不厭其煩的聆聽學生的創意、與他們討論可行性，甚至也不吝惜於分享自己在業界的經驗，這本《世界冠軍的幸福甜點》，正是他「認真學習」且「樂於分享」的結晶，嘉明師傅將烘焙技術逐一拆解後，添入了自身的理解，讓讀者可以跟著他一步一步從基礎開始體會烘焙的美好，相信透過此書，每個人都可以盡情享受手作的樂趣。

遇見幸福的甜點，
讓全家人享受美好的時光

　　美好的食物是我們生活追求的目標，自人類發現了火的妙用，各種美食開始成為部落群組的文化特徵，所以我們常常聽到人們搭飛機出遠門僅僅是為了吃一頓美食，在緊張的現代生活裡，人的心靈往往因為各種的挫折與焦慮使得心情難以平靜，因為心不能平靜，人的精神越來越緊張，這也是為什麼現在的社會有這麼多負面新聞的原因。

　　與艾斯特結緣是個奇妙的事件，透過它製造的美味，我第一次發現原來一小塊美好的糕點也可以換來很高的愉悅，這對一個一生追求完美的我來說真是一個開心地發現，所以最近我常常到艾斯特買一些小糕點，偷偷的品嚐（對一個將近六十歲的男人而言，當眾吃零食還是一件很難為的事）。最近我又發現我在寫書的時候真的需要一些甜品來愉悅我的心情，醞釀我的文思，是故；遇見艾斯特真可謂相見恨晚。

　　我喜歡艾斯特的生乳蛋糕捲、斑馬鮮奶油蛋糕捲、經典馬芬、法式巧克力塔，當然還有一些我還沒有開始嚐試，但我相信短時間之內我會一一的享受完畢，因為最近我的書又要出版了，艾斯特 ERSET 將會是我的精神加油站，希望朋友們也能共同分享這份恬適與愉悅。

技高一籌的烘焙好味道

　　說起與楊嘉明師傅的結識是在 2015 年三月份的台北國際烘焙暨設備展，當時本會（台北市糕餅商業同業公會）受國際烘焙組織 UIBC(International Union of Baker & Confectioner) 之邀請推派選手參加 2015 九月份於德國慕尼黑烘焙展(iba) 所舉辦的世界點心大賽(iba cup)，因此本會遂於台北烘焙展中舉行了 iba 世界點心大賽台灣代表選拔賽，當時楊嘉明師傅及同樣來自台北開平餐飲學校的老師彭浩師傅在兩天激烈的競爭下，打敗其他好手取得了代表權！

　　本人時任公會副理事長處理會內競賽事務因而有幸認識了楊師傅，他的拉糖工藝讓本人驚豔及讚嘆，在台灣普遍不重視拉糖工藝的環境下，竟然有如此水準，實在令人讚佩，接下來在觀賞其幾次賽前練習的作品後，一次比一次成熟洗練，我當時就想勝利之路應該不遠了吧。

　　果不其然，2015 的九月初，德國進入初秋，煦和的陽光、微涼的空氣，慕尼黑市正舉行全球聞名的 iba 烘焙展，全世界的烘焙產業的業者都來朝聖了，台灣點心代表隊不負眾望，在與其他世界烘焙好手較勁下，技高一籌，終於獲得了世界冠軍的殊榮，青天白日國旗異域飄揚，令人激動不已！

　　今日的楊師傅戴著滿身榮耀，成立了 ERSET 艾斯特烘焙，把世界冠軍的美味留在台灣，此刻他又要不藏私的將他的技藝傳授給國人，我真的很期待，因為我也想自己做做看這世界第一的美妙甜點。

烘焙職人好手藝，用手作美味傳承幸福

十年磨一劍是嘉明兄最佳寫照，未曾有過比賽經驗的他，我佩服他的勇氣毅力，挑戰 2015 年的 IBA 國際甜點大賽，並贏得冠軍，為國為校爭光。名符其實的成就了國家，也成全了自己。佩服！

嘉明兄是烘焙界的名師，家族三代都從事烘焙業，在烘焙經歷上從基礎的傳統麵包店，精緻的複合式麵包坊到創立自我品牌 ERSET 艾斯特的烘焙企業等，至今已有將近 20 年的時間，其專業上精益求精，歷練豐富，為人謙和誠懇，感受到其對烘焙技藝層次的提昇追求，及對烘焙產業的人才期待，目前也受聘於餐飲名校 - 開平餐飲學校任教，傳承己學。

我與嘉明兄的結緣是 2014 年的台北烘焙展競賽中，嘉明兄與他的競賽夥伴彭浩老師，兩人一組，他們必須先贏得參加 2015 年 IBA 國際甜點大賽的台灣代表隊資格，才能成為國手，代表台灣到德國參賽，在緊張的競賽現場中，我發覺了一位我並不熟悉的面孔「楊嘉明選手」（通常烘焙競賽選手，我多是見過的），嘉明兄在競賽現場中，表現如資深選手一般，態度從容緊湊而流暢順利的完成他的主題作品－糖雕藝術。其作品之技術困難度及藝術創新度都得到現場各位評審一致好評，最後在多項產品的品評後，總分最高分，順利的拿下國手資格。爾後並在競賽委員會的協助及自我勤奮的練習下，兩位選手終於於 2015 年 9 月 19 日，在慕尼黑拿下冠軍。當時頒獎的畫面，國旗飛揚，僑胞及大批參觀民眾的掌聲，我相信是人生永遠的感動及記憶。身為領隊，陪著他們築夢圓夢，並在現場分享他們喜悅，很是驕傲。回國後在競賽委員會主委吳官德理事長的接洽及陪同，承蒙馬英九總統的昭見及鼓勵慰勞，更是至高的榮譽。

嘉明兄對技藝傳承，充滿熱情及使命，在學校教授其烘焙技藝，總是對其作品之創作理念、學理基礎、成果貢獻，知無不言熱情分享，傳承學子，師生交流其樂融融。實為業師、人師二者兼顧之良師。與嘉明兄認識不久，但從其工作態度積極，與人相處和協，教學熱誠活潑，常能感受他對糕點、烘焙產業的堅持及期許，也驚嘆他能開發出多款精彩的流行性商品。

　　今得知嘉明兄彙整所學傳授 40 道蛋糕、塔類、巧克力、餅乾、奶酪布蕾、糖果製作配方，出版《世界冠軍的幸福甜點》一書，內心非常高興。綜觀該書圖文並茂，每一個產品都能循序漸進的用圖示示範及旁白解說，詳細說明，難得的是，讓每個對烘焙產品及點心製作，有或無基礎的讀者或烘焙後學，皆能輕鬆上手。實可成為很實用的教科書。

　　在此恭賀嘉明兄，因他的努力執著，彙整所學編排出書，讓我們有機會分享他的作品，在閱讀如此用心及精美的著作時，再次感受他對烘焙的熱情及專業堅持的感動。願大力推薦，特此為序。

歡迎加入幸福甜點的行列

　　我的家族三代皆是從事烘焙行業，因此從小耳濡目染在烘焙的環境中成長，家族的長輩們常常提醒我要把自己當成「海綿」，並以先思考再去執行的觀念，認真學習、努力鑽研，我也一直秉持著這份信念，經過大大小小的磨練和實戰經驗，投入烘焙產業至今將近 20 年，從傳統麵包店當學徒開始到現在的烘焙公司，成為能獨當一面經營、生產、營運的甜點主廚。

　　未曾有過比賽經驗的我，直到進入教職才嘗試接觸不同的競賽鍛鍊自己，於 2015 年和另一位夥伴接受挑戰 IBA 甜點國際大賽，「IBA 德國慕尼黑世界盃西點大賽」是我參與團隊第一次的跨國際比賽，必須先經過國內選拔，進級之後才能代表台灣，成為國手到德國參賽，過程中一次又一次告訴自己要享受難得的經驗及過程中成長的喜悅，並突破自己、面對挑戰，將技能標準拉高，努力完成每一場的模擬賽。

　　當大會宣布台灣團隊得到世界冠軍的同時，我的心情是非常激昂的，我們能打敗其他國家強勁的競爭對手，得到這份榮耀，這麼多年的努力堅持下，終於獲得肯定，開花結果，而這份肯定又是世界等級的榮譽。

　　回國後，於 2016 年積極投入，創立了心目中理想的「ERSTE 艾斯特烘焙」，「ERSTE」是德文「冠軍」之意，期許自己藉由得到這份殊榮及自身的手藝在台灣這塊土地發光發熱，希望能培育更多烘焙業的人才，讓每一位走進艾斯特烘焙的消費者有幸福甜蜜的心動感受。

　　所謂台上十分鐘，台下十年功，終於熬出頭，這不只是我個人的成就，而是幸福感滿滿的台灣之光，感謝支持我的妻子和兒女，讓我成為台灣的驕傲，我也會把這份得來不易世界冠軍的頭銜傳承給有理想、有目標的烘焙人，更將這份榮耀分享給更多喜愛甜點美食的人。

　　經過這段時間的努力，開幕至今已獲得2015觀傳局「台北甜心」伴手禮冠軍、「台北觀光護照」指定伴手禮店家、以及愛評網及電視採訪，還有電視節目《上班這黨事》、《歡樂智多星》、《我家有個總舖師》、《旅行應援團》、藝人柯以柔小姐至門市直播…等等各大媒體熱烈採訪報導。

　　喜歡甜點美食的人，內心總是充滿喜悅與幸福的，而我…卻是一位打造幸福感的推手，每每思考著能完成一個又一個令人賞心悅目的甜點時、看著購買者不論是犒賞自己亦或是饋贈給心愛的人的表情，幸福、愉悅的感動，已然在我心中綿延著，真的非常高興能將多年的學習技術整合出版，這不僅是一本工具書，也將會是一份幸福的指標，您準備好了嗎？歡迎您加入幸福的行列。

〔前言〕超有成就感的烘焙學堂開課了

 烘焙方法超簡單，一學就會！

本書的製作方法大多是簡單的步驟，清楚明瞭的說明每一個步驟與要注意的細節，在製作的過程中會讓初學者感受到學習製作蛋糕，其實是充滿了樂趣與成就，只要細心、用心加上努力花多一點的時間練習，就可以做出不易失敗又好吃的甜點。

我們從最基礎的巧克力製作到慢慢進階的項目，其中也會傳授不同變化的作法和口味上的應用，然後一直延伸到經典的法式甜點，用不同的動物造型和花樣指導讀者更多美味甜點的製作方式，還有在家就可輕鬆製作出的奶酪和果凍，自己做出來的安心又可口。

並且還有糖霜餅乾的教學，各種可愛的動物造型讓新手第一次製作就上手，在書後也有難度較高的部分，例如：蛋糕捲在烘烤時，爐溫上的控制要非常注意，另外，在捲蛋糕要特別注意手的力道和順序，裏面的餡料也要塗抹平均，這樣就可以捲出完美的蛋糕。

在蛋糕單元中，其實生日蛋糕製作算是比較有挑戰性的，從生日蛋糕的麵糊到烤出來的蛋糕，建議多嘗試幾次。每次的製作過程都會不一樣，而且抹鮮奶油時不可能一次就上手，一定需要長期的練習，才能抹出像蛋糕店裡所販售的生日蛋糕的完美造型。

這樣的多方面學習可以讓自己在每次的製作過程都會有所成長，到最後就會做出完美的生日蛋糕，讓人一看就喜愛，也可以帶著朋友著手一步步製作，讓大家經常享受在甜點的味道中，細心的學習每個步驟，從錯誤吸取經驗，不要因為失敗就放棄，只要努力就一定會成功的。

第 2 課 在製作過程中收穫滿滿

　　在學習烘焙的過程中，一定要從器具開始認識，因為要做出好吃的甜點需要用到一些專業的器具，從烤箱開始，每台的溫度功能都不同，研究不同功能的差異性，在烘烤製程才能得心應手，還有要認識攪拌機功能，學習正確的操作方式，以免造成失誤導致慘敗的成果。

　　挑選優質的烘焙工具，如打蛋器、橡皮刮刀、塑膠軟板等，在製作甜點可以比較得心應手，而烘焙基本食材有多種類及不同的品牌差異，從粉類、巧克力、水果醬等多種食材，了解各種食材不同的特質，如水果果泥與新鮮水果可以運用在不同的甜點做變化，多加以技術訓練及研發，才能做出完美的烘焙好滋味。

　　秤量各種食材也要小心翼翼，份量不能多也不能少，以免發生成品劣等，而攪拌食材或烤焙過程，細心度是非常重要的，當下發現缺少東西也可以與他人分工合作完成事情、遇到失敗也不要沮喪，找出問題點克服，才能得到良好的成果。

　　建議初學者可從簡單的開始做起，而有經驗的人可以從困難的開始挑戰，也可以依照每種類型產品進行製作，如巧克力、奶酪、塔類等，在本書中有多建議使用健康的食材，用新鮮榨出的果汁做出美味的甜點，利用水果皮增加餡料的味道，應用一些小技巧增加口感的豐富性，希望您在烘焙學習的過程中，也能多應用健康的食材，多增加日常生活飲食的知識及烘焙專業知識，最重要的是學習珍惜食物和愛護地球，讓我們的世界更美好、幸福。

第3課 準備工具不費力，基本工具就能搞定

烤　箱

各式烤箱功率均有差異，最好是選購內盤寬廣、具上下溫控火力調節功能，還要考慮到清潔的便利性。本書標示的烤箱溫度為專業型烤箱，使用家庭烤箱要掌握烤箱的特性，調控合適的溫度，即能成為烘焙絕佳幫手。

食物調理攪拌棒

在烘焙的製作過程中，可以選購手持電動攪拌棒，方便又好操作，可以快速將食材乳化均勻，或者也能把食材絞碎，是輕鬆又方便的好幫手。

桌上型攪拌機

攪拌機市面上選擇多樣式，可以依照家中需求，去購買不同大小或容量的攪拌機，功能以輕鬆打發蛋白，方便更換配件（球狀、鈎狀、槳狀），能控制製作分量，快速省力，調節轉速較佳。

電磁爐

具有觸控操作介面，面板防滑、有分段式火力、可設定時間，過熱警示或自動斷電等功能，加熱訊速且安全，屬於高功率電器，不適合與其他電器共用插座。

磅　秤

可以選用烘焙專用的電子磅秤，最大量至少要有 3 公斤以下，而最小單位則是以公克計算。使用時請勿重摔，以免受到重擊，造成零件受損，形成測量數據失準。

模　具

製作蛋糕裝麵糊必須的模具，有分多種樣式和造型，大小形狀也有所不同，可依照自己需求採購，而不同大小造型的模具，其受熱度也會有差異。

篩　網

主要是過篩麵粉原料，避免製作的麵糊結粒狀，失去膨鬆感，而市面販售的篩網，大小和粗細有所不同，請依用途及使用的便利性選擇合適的商品。

各式抹刀

製作鮮奶油蛋糕使用的器具，一般大多是採買不繡鋼材質，但使用完畢後，要用清水沖洗乾淨，再用乾布擦拭乾淨保存，避免重擲造成刀片彎曲。

橡皮刮刀

攪拌食材及刮除附著在鋼盆的材料，建議購買矽膠材質的刮刀，方便加熱巧克力或是奶油時，可以直接使用。

不鏽鋼盆

有玻璃、塑膠、不鏽鋼等多種材質，依據製作的產品挑選適合的材質，同時可以準備 2 ～ 3 個交替使用。

擀麵棍

用於桿平麵團、派類、餅乾的工具，建議可購買不沾黏的塑膠材質，容易清洗又方便。

打蛋器

將食材打散與混合的工具，可以依照鋼盆的大小採買合適的打蛋器，以不鏽鋼材質較好清洗保存。

羊毛刷

有分矽膠材質和羊毛刷材質，建議選購矽膠的材質，不會像羊毛刷材質容易掉毛。

量　杯

用來測量液態材料，如水、牛奶等，市面有販售各種不同公升的量杯，可以依照需求挑選合適的大小，以玻璃材質最好清洗且耐用，但重量較重。

各式刀具

刀具有分為西餐刀、小刀、鋸齒刀等，如細鋸齒刀是用來分切蛋糕；西餐刀可以切巧克力，而小刀適合切各式新鮮水果，可依照個人需求選擇合適的刀具。

矽膠模型

烘焙專用矽膠膜，最高耐熱 250 度，可以製作蛋糕或果凍，用途廣泛，容易清洗。

烤盤紙

分為油性烤盤紙及白色報紙，而油性烤盤紙可以防水防黏，最高耐熱為 250 度，價格稍貴；而白色報紙不防水不防油，但可以防止麵糊沾黏，價格較便宜。

矽膠墊

為烘焙專用的矽膠墊，製作馬卡龍可防止食材沾黏，最高耐熱 200 度，用途廣泛可以重複使用，容易清洗價格較貴。

溫度槍

用來測量烘焙中固態或液態的溫度。

溫度槍

可以測量液態食材的表面溫度，例如做甜點可以精準測量食材的製作溫度，而不會加熱超標，大多是用於調溫巧克力與煮液態原料使用。因為調溫巧克力在溫度的控制非常重要，一旦超過最大溫度時，容易造成失敗。

棉布手套

分為矽膠材質和厚棉布材質。矽膠材質可防滑、耐熱，可接觸高達 200 度，價位稍貴，可以分散熱源，防止手部燙傷，而厚棉布材質防油、耐熱，但則需要多套兩層，才可以預防燙傷，價格便宜。

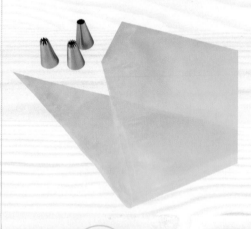

耐熱小型重石

主要是用來重壓塔類，預防塔皮烤焙變形，而市面上所販售的嵌石，價格較昂貴，可以改用耐熱的紅豆直接取代，可以達到同樣效果。

擠花袋與各式花嘴

擠花袋有分為拋棄式及可重複使用的材質，而花嘴是要裝入擠花袋時使用，可以擠出各種造型，常用於餅乾、泡芙、蛋糕等，若要製作鮮奶油蛋糕擠出花紋裝飾，準備的花嘴也要跟書本介紹一樣，才能做出同樣的造型裝飾。

各種造型壓模

模型材質有分有不鏽鋼和塑膠二種，造型多樣化，可依照自己喜歡的造型採買，使用完畢後請勿重壓，避免造形損壞。

麥芬盤

製作瑪芬（Muffin）或是杯子蛋糕的模具，盤面、數量與杯型均有不同大小規格，可依照自己需求採購，多數模具材質為碳鋼，外層有不沾處理。

烤盤噴油

為烘焙專用的烤盤油，主要用於製作蛋糕時，噴灑在蛋糕模表面形成隔離，預防甜點容易脫落，也可以噴灑在烤盤上，讓烤盤紙容易附著不易掉落。

花型壓模

花型壓模可以依照自己喜歡的樣式，或圖案去選購，做出自己心目中最好的產品。

各式蛋糕耐烤紙杯

製作杯子蛋糕時使用，可以選購自己喜歡的樣式和大小，製作出自己心目中漂亮的杯子蛋糕。

噴火槍

製作裝飾需要加熱食材或器具時，可以使用噴火槍，使產品容易融化，器具容易切割食材。

本書應用「基礎烘焙材料」

第4課

粉類

1. 低筋麵粉

製作甜點的主成分之一，常見的有高筋、中筋、低筋及全麥麵粉。

低筋麵粉的蛋白質含量在 7～9% 之間，則多用來製作蛋糕、餅乾。

2. 高筋麵粉

高筋麵粉的蛋白質含量在 15% 以上，適合製作麵包、麵條、油條，在西點中多用於鬆餅、奶油空心餅 (泡芙)，蛋糕配方中僅限高成分的水果蛋糕使用，通常也使用高粉來作手粉。

3.T55（法國麵粉）

法國製造的麵粉，型號T55，麵粉的蛋白質含量在 10～12% 之間。

4. 泡打粉

俗稱發粉，是一種由小蘇打粉再加上其他酸性材料所製成的化學膨大劑，溶於水即開始產生二氧化碳，多使用於蛋糕、餅乾等甜點配方。

5. 蛋白粉

蛋白經乾燥作用製成的粉類，可加入打發蛋白中，穩定其發泡作用。

6. 塔塔粉

學名為酒石酸氫鉀，主要作用為降低蛋白的 ph 值，使蛋白較容易發泡，並降低蛋糕的鹼味和使蛋糕較潔白細膩。

糖類

1. 細砂糖

西點製作不可缺少的主原料之一，除了增加甜味，柔軟成品組織，在打蛋時加入具有幫助起泡的作用。

2. 糖粉

將砂糖製成粉末狀，用於製造糕點，還可作為奶油霜飾或撒於成品上，作為裝飾用。成品若需久置，則必須選用具有防潮性的糖粉，以免造成潮濕。

3. 本合糖

日本製的粗砂糖。

4. 楓糖

天然楓樹漿提煉而成的糖。

5. 翻糖

將砂糖利用其結晶作用製作而成的翻糖。

6. 蜂蜜

由蜜蜂製成的天然蜂蜜。

7. 糖漿

蔗糖經由水解後產生的液態糖漿。

8. 轉化糖漿

轉化糖漿的甜度較蔗糖高，且可保持較多水份及不易結晶，是烘焙中最常使用的原料。

9. 葡萄糖漿

葡萄糖漿是一種以澱粉為原料在酶或酸的作用產生的一種澱粉糖漿為液態形狀。

油脂類

1. 動物性鮮奶油

採用新鮮的全脂牛奶，經過乳脂分離及加工技術程序所製成的，乳脂含量含有 27 ～ 38%。口感濃郁乳味香醇，保存時間短，不適合冷凍，常用於製作冰淇淋、蛋塔、慕斯或蛋糕等。

2. 打發動物性鮮奶油

經過打發之後，可維持原樣貌硬挺有形，口感香氣較軟柔，略帶甜味不膩口，常用於鮮奶油蛋糕表層裝飾或冰涼的慕斯蛋糕。

3. 植物性鮮奶油

主要成分是棕櫚油和玉米糖漿及其他氫化物，甜度比動物鮮奶油高，通常是已經加糖，容易打發，使擠花線條會更明顯，保存期較久，可放冷凍庫，解凍後即可使用，適用於製作生日蛋糕、泡芙或餡料。

4. 日本香緹調和鮮奶油

含有自然的濃郁口感，以及清爽的乳香風味，可搭配動物鮮奶油，中和一般奶油過膩的口感，提升甜點輕盈的風味使成品的層次口感更美味。打發後適合用來裝飾擠花，依指示需冷藏或冷凍保存。

5. 奶水

是保久乳，常用於調配飲品及製作糕點。

7. 可可脂

由可可豆提煉而成透明無味的液態植物油，經常使用於巧克力的製作。

6. 奶油

從牛奶中所提煉而成的固態油脂，是製作西點的主材料之一，通常含有 1 ～ 2% 的鹽分，有時製作特定西點時，才會使用無鹽奶油。奶油可使甜點組織柔軟，增強風味，需冷藏或冷凍保存。

8. 焦化奶油

將天然奶油煮至焦化，用於製作糕點。

9. 沙拉油

由大豆提煉而成透明無味的液態植物油，經常使用於戚風蛋糕及海綿蛋糕的製作。

10. 橄欖油

由橄欖提煉而成透明無味的液態植物油，用於蛋糕的製作。

蛋類

1. 全蛋

西點中不可缺少的主材料之一，具有起泡性、凝固性及乳化性。須選擇新鮮的雞蛋來製作，一般配方則是以中等大小的雞蛋為選用原則。

2. 蛋黃

蛋黃主要成分為卵磷脂，可提供風味與幫助乳化。

3. 蛋白

蛋白不含脂肪，具有起泡的特性。

醬料類

1. 榛果醬

榛果與糖經提煉製作的
濃縮醬,用於烘焙調味。

2. 香草精

香草豆莢經提煉製作的
濃縮精,用於增加風味。

3. 杏仁膏

杏仁豆加糖經延壓製成
的膏狀物,用於製做蛋
糕增加風味。

4. 檸檬醬

檸檬與糖經提煉製作的
濃縮醬,用於烘焙調味。

5. 香草醬

香草豆莢與糖經提煉製
作的濃縮醬,用於烘焙
調味。

6. 橘絲醬

橘皮與糖經提煉製作的
濃縮橘絲醬,用於烘焙
增加風味。

7. 巧克力醬

採用高濃縮的玉米糖漿,
再添加可可粉合成。

8. 水果醬（果泥）

用新鮮水果經過處理後
製成的冷凍果醬。

其他類

1. 核桃

西點常用的堅果類之一，使用前可先入烤箱烤熟風味較佳，因含有較多油脂容易氧化，保存時需注意密封冷藏。

2. 奶油霜

用奶油和糖粉經過快速打發後所製作出的奶油霜 多用於製作餡料類。

3. 伯爵茶粉

紅茶與佛手柑烘製而成的特色茶葉，多用於特色糕點製作。

4. 可可巴瑞脆片

香酥的小脆片，用於增加蛋糕夾餡的口感與風味。

5. 馬斯卡邦起司

產於義大利的新鮮乳酪，其色白質地柔軟，具微甜及濃郁的奶油風味，為製作義式甜點提拉米蘇的主要材料，需置於冷藏庫保存。

6. 奶油乳酪

質地柔軟，具微甜及濃郁的奶油風味，需置於冷藏庫保存。

7. 香草籽粉

乾燥香草豆莢內的種子，是香草主要的香氣與風味來源。

8. 吉利丁片

又名動物膠或明膠,是一種由動物的結締組織中提煉萃取而成的凝結劑,顏色透明,使用前必須先浸泡於冷水,可溶於 80℃ 以上的熱水。溶液中若酸度過高則不易凝凍,成品必須冷藏保存,口感具極佳韌性及彈性。

9. 橘條

橘皮與糖經蜜漬製作的糖漬橘條,用於烘焙增加風味與裝飾。

10. 海鹽

天然海水提煉的海鹽,風味溫和。

13. 水滴巧克力豆

耐烤焙,其油脂含量在 25% 以下,適合放入餅乾、麵包、蛋糕內烘焙,亦可用於蛋糕表面裝飾。

12. 鹽之花

法國頂級海鹽,只有在特定產地、特定時間,在風與太陽的合作下,每 50 平方公尺的鹽田才能結晶出不到 500 公克的鹽之花,且只能以傳統手工採收,價格珍稀珍貴。

11. 精鹽

主要具有調和甜味或提味作用,一般使用精製細鹽,製作麵包麵團時加入少量的鹽,還具有增加麵粉黏性及彈性的作用。

15. 金箔

食用金箔可添加在酒中,甜點蛋糕裝飾中使用。

14. 抹茶粉

原料為綠茶,以天然天磨經過低溫極細研磨而成,適合添加甜點製作或 80 度溫熱水沖泡。

16. 卡魯哇咖啡香甜酒

香甜酒的一種，含有咖啡豆風味的蒸餾酒，製作提拉米蘇或其他咖啡風味甜點時經常使用，亦可作為調酒或加入咖啡、淋醬之用。

17. 白蘭地

由小麥等穀類發酵釀造製成的蒸餾酒，酒精濃度達 40%，即使經過烘焙仍能保留酒香，適量加入材料中或塗抹於烤好的蛋糕體上，可提升甜點的風味。

18. 貝禮詩奶酒

香甜酒的一種，含有奶香風味的蒸餾酒，製作風味甜點時經常使用，亦可作為調酒或加入咖啡、淋醬之用。

19. 荔枝酒

又稱利口酒，是利用水果、種子、植物皮或根以及香草、香辛料等在酒精中浸釀蒸餾，再增加甜味而制成，經常使用於糕點中以突顯風味，常使用的有柑橘酒、櫻桃酒、覆盆子甜酒等。

20. 即溶咖啡

濃縮咖啡液與咖啡酒混合，使用於沾附蛋糕體，增加風味。

21. 彩虹米果

不同種顏色的巧克力豆，適合直接食用、添加冰淇淋或甜點、蛋糕裝飾使用。

第5課 多選用天然食材，少用加工或食品添加物

　　甜點做的好吃美味重要的不只是配方與做法，天然新鮮的食材也是不可或缺的，雖然保存時間不長，但對人體健康，也能吃出食材最原始的美味。本書使用許多天然食材，新鮮水果、農場雞蛋、堅果類、可可巧克力、茶葉…等，套用在配方中，變化出不同的口味，可以成為主要食材，也能作為提升香氣使用，讀者也能舉一反三，發揮創意使用特別食材製作。

新鮮水果

1. 新鮮草莓

用於裝飾的草莓，是最常出現的水果裝飾。

2. 柳橙、香蕉、覆盆子

西點製作中使用率最高的水果，除了其果汁可加入材料中提味或作為主材料，如蛋糕及果凍，其外皮也可磨碎加入，能賦予糕點更濃郁的芳香，是極佳的天然香料。

3. 新鮮芒果

西點製作中使用率最高的水果，除了果汁可加入材料中提味或作為主材料，如蛋糕及果凍，能賦予糕點更濃郁的芳香，是極佳的天然食材。

4. 新鮮藍莓

具有豐富的營養值，口感酸甜，適合直接食用或添加甜點裝飾。

5. 黑櫻桃

經由糖漬過的櫻桃，用於夾餡或裝飾。

6. 檸檬絲

增加產品風味，讓檸檬香氣更明顯。

7. 芒果果泥

芒果濃郁香氣及微酸的味道，多用於雞尾酒、風味蘇打、冰茶、慕斯或冰淇淋製作。

8. 草莓果泥

採用新鮮草莓急速冷凍殺菌處理，保有如新鮮口感般的水果風味；將果泥置於冷藏環境中2～6℃，約24～至4小時緩慢解凍，以還原最佳品質的果泥，多用於慕斯、冰淇淋及各式甜點製作。

9. 覆盆子果泥

用獨特的急速冷凍技術，完全保留果實的營養、色澤與美味，水果含量達90%以上，無添加色素與化學添加物，廣泛用於製作冰淇淋、淋醬、慕斯、水果軟糖、冷凍甜點、調酒、醬汁等。

10. 荔枝果泥

使用天然水果製作，內含有15％糖，經加熱過後冷凍保存。無論任何季節都可取得最佳的水果原味，冷凍保存2年，適用於蛋糕、冷品、冷點、慕斯、雞尾酒製作。

11. 檸檬汁

新鮮檸檬榨汁，製作檸檬奶餡時增添 檸檬的風味。

12. 蜜桃汁

經加熱提煉過後室溫保存的濃縮水果果汁，多用於蛋糕製作。

13. 橘子水

經加熱提煉過後室溫保存的濃縮水果果汁，多用於蛋糕製作。

第6課　烘焙基礎技巧Q&A

Q：烤箱為什麼需要提前預熱？

A 烤焙式甜點成功的最大關鍵是在烤焙最後一道關卡，必須依照不同產品設定不同的溫度和合宜的時間調控好烤箱溫度，才能烤出完美的甜點，而在製作過程中，也需要反覆練習嘗試，才能完成烤出幸福的甜點。

Q：如何預防烘烤產品沾黏？

A 可以在使用的模具上噴上少許的烤盤油，烤焙完成後方便脫模，或是再製作整盤蛋糕時，烤盤表面必須噴烤盤油，再鋪上烤盤紙，即可達到防黏的效果。

關於備料

Q：甜點備料有那些注意事項？

A 甜點製作使用材料非常多元化，所以準備材料十分重要，必須依照配方指示將所有材料秤好，按照步驟依序製作，還必備烘焙專用電子秤，將所需材料秤好，並按部就班完成。

Q : 如果食材品項太多應如何備料？

A 有些產品所需要的食材種類很多，所以在製作前必須將每種食材先分類清楚，這樣仔細秤料時，才不會手忙腳亂。

Q : 雞蛋以重量為標準，還是以個數為標準？

A 關於備料中的雞蛋，有些配方的雞蛋會以個數為單位，有些配方則會以克數為單位，但是一顆的雞蛋重量不同，在製作甜點所呈現的成品時，就會有所不同，誤差值也會很大，所以必須以重量為單位來製作。

關於材料處理

Q : 粉類為什麼都需要事先過篩？

A 粉類通常都要過篩，通常不用過篩，只有麵包所使用的高筋麵粉，蛋糕因為講究口感細膩，如果麵粉材料質地太粗就不能直接拿來使用，要使用過篩的粉類，例如：低筋麵粉、可可粉、抹茶粉等，經過篩後的粉類材料，才會粉末化而更細緻。

Q : 奶油需要放置室溫軟化嗎？

A 烘焙用的奶油通常都是冷凍保存，防止酸敗，剛從冰箱取出的時候是冰硬的，無法操作，需要在室溫放置一段時間至軟化才能使用，最佳狀態是呈現固態，質地柔軟，這樣的奶油攪拌時，才能與其他材料充分混合，做出最好的甜點麵糊。

Q : 吉利丁片泡水軟化的關鍵？

A 吉利丁片在製作甜點慕斯時的狀態是呈現片狀的，一片吉利丁的重量是 2.5 公克，必須準備 5 倍的水量讓吉利丁片軟化，也可以加入少許的冰塊來降溫，才不會使吉利丁融化。

Q : 巧克力加熱融化的溫度控制關鍵？

A 將巧克力放入鋼盆中，隔水加熱，水的溫度需控制在 60℃，並一邊加熱融化一邊慢慢將苦甜巧克力拌至質地光滑，巧克力溶解的溫度是 50℃，如果溫度太高會導致巧克力的質地焦化，並影響凝固時的光澤和口感。

關於製作的技巧

Q : 麵糊倒入杯子蛋糕中，如何防止麵糊溢出？

A 將軟性麵糊倒入模具杯子時，很容易沾黏到杯子口，烤出來的成品就不會那麼完美，因此最萬無一失的方法，就是將麵糊放入擠花袋中，並乾淨擠入杯子中，這麼做就不會使殘餘麵糊沾黏在模具邊緣，烤好的甜點就會精緻美觀。

Q : 製作鮮奶油蛋糕時，如何打發鮮奶油比較快？

A 一般用於甜點製作的草莓鮮奶油蛋糕的鮮奶油是植物性鮮奶油，必須冷藏保存，取較大的盆子裡面放滿冰塊，將裝有鮮奶油的盆子放在冰塊上，降低鮮奶油溫度，這樣才能快速打發。

Q : 如何使塔皮定型入模，烤後呈現完美的形狀？

A 塔皮的麵團質地鬆軟，而鬆軟的塔皮要製作出各種完美的形狀，就必須放入不同的模具中定型，例如：派皮模、布丁模、塔模等，入模需注意攪拌好的塔皮必須冷藏鬆弛，再覆蓋到模具上面，並切掉多餘的麵團，使其形狀完整，並放入重石烤焙，才能預防烤好的麵糰變形。

關於烘烤過程的注意事項

Q : 烤焙的過程中，需要注意一些什麼事？

A 蛋糕再烤焙時溫度很重要，因為在上下火控制不好，蛋糕烤出來就會太乾或是沒熟，所以要如何知道蛋糕好了沒有，就是用手輕壓蛋糕表面會回彈就可以做出好吃的蛋糕，塔殼的話就是要看塔皮表面的顏色，顏色不能太白要控制烤爐的溫度，這樣才會烤的均勻。

World champion of the dessert of happiness

PART  1

&

巧克力類
Chocolate type

蜜漬橘條巧克力

Candied orange peel chocolate

- ·製作時間：約 30 分鐘
- ·難 易 度：★☆☆☆☆
- ·製作數量：25 個
- ·最佳賞味：3 天

材料

苦甜巧克力 100g
糖漬橘條 50g
開心果碎 20g

黃澄澄又晶亮柑橘條帶有微酸的果香，融入濃郁誘人的巧克力，酸與甜交錯的層次口感，散發著幸福的滋味，猶如進入到歐式的皇宮殿堂品嚐著價值不斐的夢幻甜點，利用假期時刻與家人一起動手製作，簡單又好吃，享受視覺、味覺與嗅覺的三重饗宴。

蜜漬橘條巧克力作法

1 將切碎的苦甜巧克力放入容器中，以隔水加熱融化成液態（約 75℃）。

2 用鑷子夾取糖漬橘條。

3 將糖漬橘條浸入融化的苦甜巧克力，均勻裹上一層苦甜巧克力。

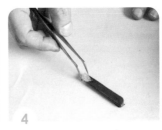

4 放在鋪好的烤盤紙上。

5 在苦甜巧克力液還未凝固前，撒上開心果碎裝飾。

6 放入冰箱冷藏約半小時（待凝固定型），即成。

Strawberry chocolate

草莓巧克力

- 製作時間：約 30 分鐘
- 難易度：★☆☆☆☆
- 製作數量：25 個
- 最佳賞味：3 天

在草莓盛產的季節，悠閒漫步在街道中探訪，透過玻璃窗看著各種草莓裝飾的甜點，吸睛的造型讓人無法抗拒它的魅力。白巧克力與鮮紅的草莓結合，酸甜的滋味讓人瞬間充滿溫馨的甜蜜感，帶著孩子調皮一下，著手為它增添趣味表情吧！

材料

新鮮草莓 200g
白巧克力 300g
苦甜巧克力 50g

草莓巧克力作法

1 將白巧克力放入容器中，以隔水加熱融化成液態。

2 將草莓半部均勻裹上一層白巧克力液，移入烤盤紙，放置冰箱冷藏約半小時（待凝固）。

3 將已融化的苦甜巧克力（隔水加熱）分裝至拋棄式擠花袋。

4 並在開口處剪開小洞。

5 取出製作好的草莓巧克力，利用作法 4，發揮創意畫眉毛、眼睛、嘴巴等各種趣味的表情。

Chicken style lemon lollipop

小雞檸檬棒棒糖

- 製作時間：約 60 分鐘
- 難 易 度：★★★☆☆
- 製作數量：10 個
- 最佳賞味：3 天

超級卡哇伊的的黃色小雞，可以傳達最誠摯的心意，適合當成禮物餽贈。運用高級手工巧克力並結合酸味檸檬製作出香滑質感的甘那許，白巧克力中加入色彩和翻糖捏塑出可愛的小雞造型，俏皮的模樣讓人都捨不得入口。

材料

檸檬奶餡

吉利丁片	2g
新鮮檸檬汁	50g
新鮮檸檬皮	5g
細砂糖	90g
全蛋	60g
奶油	90g

組合

白巧克力球殼	10顆
檸檬奶餡	200g
白巧克力	300g
黃色天然色素	2g
苦甜巧克力	50g
翻糖（黃色、紅色）	適量
塑膠棒	10支

↗掃我看影片

檸檬奶餡作法

1
將吉利丁片剪半放入容器中，加冷水浸泡約3～5分鐘，擠乾水分。

2
檸檬汁、檸檬皮、細砂糖放入容器，以中小火煮沸至融化，即成「檸檬糖漿」。

3
將沸騰的檸檬糖漿沖入全蛋中快速拌勻（可殺菌）。

4
再以中火煮至稠狀，以細目濾網過篩（過濾雜質）。

5 加入泡軟的吉利丁片拌勻，以中火煮至融化（無顆粒狀）。

6 接著隔冰水冷卻至 30℃ 至 35℃。

7 加入已在室溫軟化奶油，再用攪拌棒拌勻，即成「檸檬奶餡」。

組合

1 將製作完成冷卻的「檸檬奶餡」裝入拋棄式擠花袋。

2 灌入白巧克力球殼至九分滿。

3 插入塑膠棒，移入冰箱冷凍約 20 分鐘（待凝固定型）。

4 將切碎白巧克力放入容器，以中小火隔水加熱融化。

5 加入黃色天然色素拌勻，即成「黃色巧克力」。

6 取出棒棒糖狀檸檬巧克力，在底部開口處擠入白巧克力液封口定型。

7 將白巧克力球殼均勻裹上一層黃色巧克力，放置烤盤上面。

8 移入冰箱冷藏凝固後，取出棒棒糖檸檬巧克力。

9 將切碎的苦甜巧克力裝入容器中，以隔水加熱的方式融化。

10 再分裝至拋棄式擠花袋中，並在開口處剪小洞。

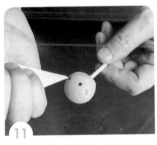

11 發揮創意畫出小雞可愛的眼睛。

12 再取黃色翻糖用桿麵棍桿平，塑形成三角狀，做成小雞翅膀黏貼。

13 再取紅色翻糖用桿麵棍桿平，塑形成三角狀，做成鼻子及腳黏貼，即成。

tips

● 製做檸檬奶餡時，建議使用刨刀取檸檬綠色的表皮，不要取太厚，因為白色內皮會產生苦味。
● 翻糖是用純糖製作，類似牛奶糖的口感，是歐美流行的裝飾材料之一，使用時可以加入少許的玉米粉，再用擀麵棍來回桿平逐漸會軟化，用各種模型或刀片，做出各式造型圖案。

Blossom earl lollipop

花漾伯爵棒棒糖

- 製作時間：約 60 分鐘
- 難 易 度：★★★☆☆
- 製作數量：10 個
- 最佳賞味：3 天

獨特美麗的花朵造型，簡直是最有創意的手作甜心，只要運用基礎作法再搭配糖花的變化，即可塑造出華麗的藝術裝飾，尤其是內餡使用巧克力和茶葉的組合，帶有浪漫的法國風情，含在嘴裡的滋味倍感幸福的魔力，完全擄獲視覺、味覺的雙重饗宴。

材料

伯爵茶甘納許

動物性鮮奶油	130g
伯爵茶葉	7g
葡萄糖漿	8g
苦甜巧克力	130g
牛奶巧克力	70g
可可脂	5g
奶油	10g

組合

白巧克力球殼	10顆
伯爵茶甘納許	300g
白巧克力	300g
各色翻糖	適量
塑膠棒	10支

花漾伯爵棒棒糖 045

伯爵茶甘納許作法

①

②

③

將動物性鮮奶油、伯爵茶葉、葡萄糖漿放入煮鍋中，以中小火煮至沸騰。

用細目濾網，濾取茶汁。

趁溫熱（約 60℃）沖入切碎的苦甜巧克力、牛奶巧克力、可可脂中拌勻。

④

⑤

⑥

最後加入奶油拌勻。

以隔冰水方式降溫。

繼續攪拌至稠狀，即成「伯爵茶甘納許」。

tipS

- 製作伯爵茶甘納許時，在動作 1 放入伯爵茶葉加熱時，建議可以用鍋蓋蓋上燜住煮鍋，可以保留伯爵茶葉的香氣。
- 製作伯爵茶甘納許時，在動作 3 使用動物性鮮奶油必須分次加入，才不會造成巧克力分離。

組合

1

將製作好的伯爵茶甘納許裝入擠花袋，灌入白巧克力球殼中至九分滿。

2

插入塑膠棒，移入冰箱冷凍約 20 分鐘（待凝固定型），取出在底部開口處以巧克力液封口定型。

3

將切碎白巧克力放入容器，以中小火隔水加熱融化。

4

將白巧克力球殼均勻裹上一層白巧克力液，放置烤盤上面，移入冰箱冷藏約 20 分鐘（至凝固）。

5

使用擀麵棍將各色翻糖擀至厚度一致。

6

利用花型壓模器，壓出各種顏色的小花朵。

7

取各色翻糖搓成小球狀，裝飾成花蕊黏貼。

8

將伯爵茶巧克力棒棒糖取出，貼上翻糖小花裝飾，即成。

tips

- 巧克力球的內餡大部分是採用甘納許或奶餡灌進球殼中後，做底部封口動作，才能避免內餡外漏。

Hazelnut lollipop with Winnie the candy

小熊榛果棒棒糖

- 製作時間：約 90 分鐘
- 難 易 度：★★★☆☆
- 製作數量：10 個
- 最佳賞味：3 天

榛果是歐洲國家運用在各式糕點中姑最昂貴的堅果，結合不同的巧克力和海鹽，卻不搶榛果巧克力的獨特風采，發揮翻糖製作出超酷又可愛的小熊五官，不論大人和小孩咬一口都會深深愛上它。

材料

海鹽榛果甘納許

動物性鮮奶油	62g
牛奶巧克力	175g
海鹽	5g
榛果醬	10g
奶油	20g

組合

白巧克力球殼	10顆
海鹽榛果甘納許	270g
白巧克力	150g
黑巧克力	150g
翻糖（白、紅、黑）	各適量

小熊榛果棒棒糖　049

海鹽榛果甘納許作法

1 將動物性鮮奶油放入煮鍋中，以中小火煮滾。

2 趁溫熱（約 60℃）沖入切碎牛奶巧克力、海鹽攪拌均勻。

3 放入榛果醬拌勻。

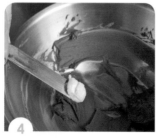

4 再加入奶油拌勻，即成「海鹽榛果甘納許」。

 tipS

冷 & 熱溫度計的差異

- 一般溫度計：適用於在製作蛋糕和麵包的產品測量溫度，冷熱皆可使用。
- 溫度槍：主要是測量產品表面溫度，大多用於製作巧克力使用，可準確測量巧克力的溫度。

 tipS

翻糖化學染和天然染的差異

　　使用化學染劑所出來的顏色，會非常鮮豔，而使用天然色素所出來的顏色會比較溫和，建議使用天然色素，價格稍貴，但食用較安全。

組合

1. 將製作好的海鹽榛果甘納許，灌入巧克力球殼中至九分滿。

2. 插入塑膠棒，移入冰箱冷藏約 20 分鐘（待凝固定型），取出在底部開口處以巧克力液封口定型。

3. 將黑、白巧克力放入容器中，以中小火隔水加熱的方式融化。

4. 將海鹽榛果巧克力棒棒糖均勻披覆融化的牛奶巧克力液，再放置烤盤上，移入冰箱冷藏約 20 分鐘（至巧克力凝固）。

5. 取各色翻糖搓成小球狀，製作小熊五官。

6. 將白色及紅色翻糖揉成圓扁狀黏貼，做成嘴巴及臉頰。

7. 取白色及黑色翻糖揉成圓扁狀黏貼，做成眼睛及耳朵。

8. 取各色的翻糖，發揮創意畫出小熊逗趣的五官造型。

World champion of the dessert of happiness

PART 2

&

塔類
Tower type

French chocolate tar
法式巧克力塔

・製作時間：約 60 分鐘
・難 易 度：★★★★☆
・製作數量：15 人份
・最佳賞味：3 天

這是喜愛巧克力的人最無法抗拒的甜點之一，點綴金箔散發如寶石般耀眼的光芒，奢華層次的口感完整展現高品味的享受，帶給味蕾猶如沉浸如戀愛中的滋味，找個時間與親友一起動手做，美好時光自然不能少了它的相聚，讓香醇濃郁的氣息展露無遺。

材料

A 巧克力塔皮

奶油 100g
精鹽 1g
純可可粉 35g
糖粉 75g
全蛋 35g
低筋麵粉 140g

B 巧克力甘納許

動物性鮮奶油 125g
葡萄糖漿 25g
苦甜巧克力 137g
牛奶巧克力 25g

A+B組合

巧克力塔殼
巧克力甘納許
巧克力醬
金泊

A 巧克力塔皮作法

1
奶油、精鹽、純可可粉、糖粉放入容器中攪拌均勻。

2
加入全蛋拌勻。

3
加入低筋麵粉拌勻。

4
用擀麵棍將巧克力塔皮擀平至厚度一致（約 0.3～0.5 公分）。

5
使用圓形壓模壓出圓片狀，移入冰箱冷藏到不黏手的程度（冷藏約半小時）。

6
將巧克力塔皮取出，捏至厚薄適中，鋪放中小型塔模中。

7
用抹刀將塔框邊緣多餘的塔皮修平。

8
再放入油力士紙、耐熱小型重石，壓住塔皮，（防止塔皮在烤的過程中膨脹變形）。

9
烤箱需在烤焙30分鐘前預熱溫度（上火150／下火150），將巧克力塔皮放入烤箱烘烤20分鐘，烤焙完成後放涼，備用。

B 巧克力甘納許作法

① 動物性鮮奶油、葡萄糖漿煮滾。

② 沖入苦甜牛奶巧克力中拌勻。

③ 用攪拌棒充分攪打均勻呈液狀。

A+B 組合

① 將完成的巧克力甘納許裝入拋棄式擠花袋。

② 平均擠入烤好的巧克力塔皮中，將擠入的巧克力甘納許，再輕輕敲平放到冰箱冷藏約半小時。

③ 待巧克力甘納許凝固，淋上巧克力醬，可擺放金箔或其他裝飾。

tips

- 油力士紙杯具有防油、耐高溫、不退色、有挺度的，可重複使用的包裝材料，甚至也能吸附多餘的油脂，及隔絕重石，使塔殼不會膨脹。
- 烘焙重石的常見材質有陶製、鋁合金等，通常在烘焙材料行皆有販售，價格略高，建議初學者可以使用食用的紅豆，其耐熱溫度高、價格便宜，且能重複使用，也能避免派皮膨脹變型。

Colorful rice chips tart

彩虹米菓脆片塔

- 製作時間：約 60 分鐘
- 難 易 度：★★☆☆☆
- 製作數量：15 個
- 最佳賞味：3 天

結合香濃的巧克力甘納許，再擠上不膩口的奶油霜，搭配超人氣的巧克力脆球，在嘴裡猶如閃耀星光般的火花，每一口能碰撞出鬆脆又奔放的巧妙口感，適合老少咸宜的下午茶點心，讓人停不下來的好滋味！

材料

A 巧克力塔皮

奶油 100g
精鹽 1g
純可可粉 35g
糖粉 75g
全蛋 35g
低筋麵粉 140g

B 巧克力碎片

苦甜巧克力 50g
可可脂 25g
可可巴芮脆片 150g

C 巧克力甘納許

動物性鮮奶油 125g
葡萄糖漿 25g
苦甜巧克力 137g
牛奶巧克力 25g

A+B+C組合

巧克力塔殼
巧克力碎片
巧克力甘納許
彩色米菓200g
奶油霜適量

A 巧克力塔皮作法

1 奶油、精鹽、純可可粉、糖粉放入容器中攪拌均勻。

2 加入全蛋拌勻。

3 加入低筋麵粉拌勻。

4 用擀麵棍將巧克力塔皮擀平至厚度一致（約0.3～0.5公分）。

5 使用圓形壓模壓出圓片狀，移入冰箱冷藏到不黏手的程度（冷藏約半小時）。

6 將巧克力塔皮取出，捏至厚薄適中，鋪放在塔模裡面。

7 用抹刀將塔框邊緣多餘的塔皮修平。

8 再放入油力士紙、耐熱小型重石，壓住塔皮，（防止塔皮在烤的過程中膨脹變形）。

9 烤箱需在烤焙30分鐘前預熱溫度（上火150／下火150），將巧克力塔皮放入烤箱烘烤20分鐘，烤焙完成後放涼，備用。

B 巧克力脆片做法

1 將切碎苦甜巧克力、可可脂倒入鋼盆中,以中小火隔水加熱的方式融化。

2 放入可可巴瑞脆片,備用。

3 拌均即可。

C 巧克力甘納許作法

1 將動物性鮮奶油、葡萄糖漿放入煮鍋中煮滾。

2 沖入苦甜牛奶巧克力中拌勻。

3 用攪拌棒充分攪打均勻呈液狀。

A+B+C 組合

1 將完成的巧克力甘納許裝入拋棄式擠花袋。

2 將巧克力脆片平均放置在塔皮內,再擠入的巧克力甘納許,再輕輕敲平放到冰箱冷藏約半小時。

3 待巧克力甘納許凝固,可擺放小食材裝飾。

Michael Wazowski matcha tart

大眼怪抹茶塔

- 製作時間：約 120 分鐘
- 難 易 度：★★★★☆
- 製作數量：15 個
- 最佳賞味：3 天

小孩大多都不太喜歡抹茶口味，但是將不好吃的味道改成美味的配方，可以讓抹茶具有的獨特風味，發揮的淋漓盡致，搭配巧克力組合做出可愛的抹茶大眼怪，即使不喜歡，也會立即放下成見大大咬一口。

材料

A 原味塔皮

奶油 100g
精鹽 1g
糖粉 75g
全蛋 35g
低筋麵粉 175g

B 大眼怪蛋糕體

奶油 180g
細砂糖 155g
轉化糖漿 30g
全蛋 200g
低筋麵粉 180g
泡打粉 6g
動物性鮮奶油 20g

C 抹茶甘納許

動物性鮮奶油 100g
葡萄糖漿 20g

白巧克力 200g
抹茶粉 4g

D 抹茶白巧克力醬

抹茶粉 3g
白巧克力 70g
可可脂 20g

↗掃我看影片

A+B+C+D組合

原味塔殼
抹茶甘鈉許
大眼怪蛋糕體
抹茶白巧克力醬
苦甜巧克力
黑巧克力

A 原味塔皮作法

①
奶油、精鹽、糖粉拌勻。

②
加入全蛋拌勻。

③
最後將低筋麵粉加入拌勻。

④
用擀麵棍將原味塔皮壓平（約 0.3～0.5 公分厚度）。

⑤
使用壓模壓出圓形片狀。

⑥
將原味塔皮取出，捏至厚薄適中，平均鋪放入塔模中。

⑦
將原味塔皮捏成圓形塔框狀，再用抹刀將塔框邊緣多餘的塔皮修平。

⑧
再放入油力士紙、耐熱小型重石，壓住塔皮，（防止塔皮在烤的過程中膨脹變形）。

⑨
烤箱需在烤焙 30 分鐘前預熱（上火 150／下火 150），將原味塔皮烘烤 20 分鐘後，放涼，備用。

B 大眼怪蛋糕體作法

1
將奶油、砂糖、轉化糖漿放入鋼盆攪拌至無顆粒。

2
將全蛋分次加入拌勻。

3
加入低筋麵粉、泡打粉拌勻。

4
最後放入動物性鮮奶油拌勻，備用。

5
裝入擠花袋中。

6
平均擠入矽膠烤模至八分滿即可。

C 抹茶甘納許作法

1
將動物性鮮奶油、葡萄糖漿放入煮鍋混合拌勻，以中小火煮沸。

2
立即沖入白巧克力將其融化。

3
再分次加入抹茶粉攪拌均勻，即成「抹茶甘納許」。

7
放入烤箱以上火 190 ／下火 180，先烘烤 10 分鐘。

8
將烤盤前後掉頭，溫度改為上火 160 ／下火 180，繼續烤焙 10 分鐘。

9
將蛋糕出爐倒扣至烤盤，正面放涼即可。

D 抹茶白巧克力醬作法

1
將抹茶粉、白巧克力、可可脂放入容器中。

2
隔水加熱至溶化。

3
取出蛋糕體，沾上抹茶巧克力醬。

tips

- 製作大眼怪眼睛的巧克力，可挑選非調溫正香軒巧克力，對於初學者在操作上比較容易成功。
- 在製作大眼怪蛋糕體時，奶油需要打至微發（奶油稍微泛白），這樣烤出來的蛋糕，才會蓬鬆好吃。
- 抹茶粉使用前可以先用細目過濾網過篩，這樣在製作的過程中，才不會造成結粒影響成品的口感。

—— A+B+C+D 組合 ——

① 將製作好的抹茶甘納許裝
入拋棄式擠花袋，平均擠
入原味塔皮中。

② 再輕輕敲平（使表面光滑
平整）。

③ 將沾好表層抹茶白巧克力
醬放上塔中。

④ 將溶化的白巧克力抹平，
用圓形壓模壓出圓片狀。

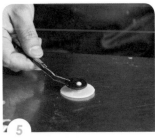

⑤ 取苦甜巧克力，點上白巧
克力形成眼睛。

⑥ 將做好的造型眼睛巧克力
片，放上大眼怪蛋糕體表
面。

⑦ 用溶化的黑巧克力畫上嘴
巴造型，即成。

非調溫和調溫巧克力的差異？

- 非調溫巧克力：把巧克力直接隔水融化就可以
  使用，不需要隔冰水自然會凝固，簡單好操作，
  適合初學者使用。

- 調溫巧克力：操作上較為困難，先把巧克力溶
  開，加熱到 42 ～ 45 度之間，再用冰水降溫到
  25 度，再加熱到 31 度，溫度不能超過太多（溫
  差超過 5 度），否則成品容易失敗。

Chicken style lemon tart

小雞檸檬塔

- 製作時間：約 90 分鐘
- 難 易 度：★★☆☆☆
- 製作數量：15 個
- 最佳賞味：3 天

黃澄澄的法式檸檬塔是法國經典甜點系列中不可或缺的必備元素，也是推薦給新手的入門甜點，利用假期與全家人一起動手完成，並且利用溶化的巧克力壓出趣味的造型，有趣好玩又能共享家庭快樂的時光。

材料

A 原味塔皮

奶油	100g
精鹽	1g
糖粉	75g
全蛋	35g
低筋麵粉	175g

B 檸檬奶餡

吉利丁	3.5g
檸檬汁	96g
檸檬皮	9g
細砂糖	180g
全蛋	120g
奶油	180g

A+B組合

烤好的原味塔皮
檸檬奶餡520g
奶油霜50g（作法詳見第119頁）
白巧克力250g
天然色素（黃、紅）適量

A 原味塔皮作法

1 奶油、精鹽、糖粉拌勻。

2 加入全蛋拌勻後，再將低筋麵粉加入拌勻。

3 用擀麵棍將原味塔皮壓平（約 0.3 ～ 0.5 公分厚度）。

4 使用壓模壓出圓片狀，移入冰箱冷藏約 1 小時（不黏手的程度）。

5 取出原味塔皮,捏至厚薄適中,平均鋪放入塔模中。再用抹刀將塔框邊緣多餘的塔皮修平。

6 再放入油力士紙、耐熱小型重石,壓住塔皮,(防止塔皮在烤的過程中膨脹變形)。

7 烤箱需在烤焙 30 分鐘前預熱(上火 150 / 下火 150),將原味塔皮烘烤 20 分鐘後,放涼,備用。

B 檸檬奶餡作法

1 將吉利丁片對折剪成一半放入容器中,加冷水浸泡約 3～5 分鐘(水量需蓋過吉利丁片),撈出,擠乾水分。

2 檸檬汁、檸檬皮、細砂糖放入容器中,以中小火煮沸至融化,即成「檸檬糖漿」。

3 將沸騰的「檸檬糖漿」沖入全蛋中快速拌勻(可殺菌)。

4 以中火煮至稠狀,接著以細目濾網過篩,過濾雜質。

5 加入泡軟的吉利丁片拌勻,以中火煮至融化(無顆粒狀)。

6 隔冰水冷卻至 60℃。

7 加入已在室溫軟化奶油拌勻（或以60℃溫度融化）。

8 使用打蛋器拌勻，即成「檸檬奶餡」。

A+B 組合

1 將檸檬奶餡放入擠花袋，再擠入原味塔殼中，輕輕敲平（使表面光滑平整），擠入奶油霜。

2 取已溶化的白巧克力，加入黃色天然色素調合，倒在塑膠片上面，約10分鐘後，再用圓形壓模壓出圓片。

3 用黑色巧克力液，畫出小雞的眼睛及腳丫。

4 用黃色巧克力液，畫出小雞的嘴巴及翅膀。

5 用紅色巧克力液，畫出小雞的嘴巴及翅膀。

6 將做好的造型小雞圖案巧克力片放上塔皮表面，即成。

Rabbit style cheese tart

兔兔乳酪塔

· 製作時間：約 90 分鐘
· 難 易 度：★★★☆☆
· 製作數量：15 個
· 最佳賞味：3 天

運用白巧克力和乳酪搭配出獨特風味的甘納許放入酥脆的塔殼中，如果你是乳酪狂熱愛好者，可能會忍不位立即塞入肚子裡，但是別急哦！我們要壓出兔兔巧克力，擠上五官，哇…可愛極了。

材料

A 原味塔皮

奶油 100g
精鹽 1g
糖粉 75g
全蛋 35g
低筋麵粉 175g

B 乳酪甘納許

動物性鮮奶油 125g
白巧克力 275g
奶油乳酪 125g

A+B組合

原味奶油霜（作法詳見第119頁）
烤好的原味塔殼
乳酪甘納許
白巧克力
粉紅色巧克力液
黑色巧克力液

A 原味塔皮作法

① 奶油、精鹽、糖粉拌勻。

② 加入全蛋拌勻後，再將低筋麵粉加入拌勻。

③ 用擀麵棍將原味塔皮壓平（約 0.3 ～ 0.5 公分厚度）。

④ 使用壓模壓出圓形片狀，移入冰箱冷藏約一小時（不黏手好操作的程度）。

5
將原味塔皮取出,用雙手將塔皮捏至相同的厚度,再用抹刀將塔框邊緣多餘的塔皮修平。

6
再放入油力士紙、耐熱小型重石,壓住塔皮,(防止塔皮在烤的過程中膨脹變形)。

7
烤箱需在烤焙30分鐘前預熱(上火150/下火150),將原味塔皮烘烤20分鐘後,放涼,備用。

B 乳酪甘納許作法

1
將動物性鮮奶油放入煮鍋,以中小火煮至沸騰。

2
即沖入切碎的白巧克力中,將其融化。

3
加入室溫軟化的奶油乳酪拌勻。

4
使用食物調理攪拌棒攪拌均勻(呈現細緻無顆粒狀),即成「乳酪甘納許」。

tips

- 奶油乳酪從冰箱冷藏室取出,應放置室溫退冰之後在使用,以免造成結塊的現象。
- 將已溶化的白巧克力液狀,倒在塑膠片上面會比較不會沾黏(容易取造型片)。此外,使用造型模具前必須先用噴火槍加熱,才不會讓巧克力造型片容易碎裂。

A+B 組合

① 將製作好的乳酪甘納許裝入擠花袋，擠入原味塔殼。

② 再輕輕敲平（使表面光滑平整）。

③ 再將奶油霜擠成花形。

④ 將已溶化的白巧克力，倒在塑膠片上面，約 10 分鐘後，再用兔形壓模壓出造型片。

⑤ 用粉紅色巧克力液，畫出兔兔的眼睛及身體。用黑色巧克力液，畫出嘴巴造型。

⑥ 將做好的造型兔兔圖案巧克力片放上塔皮表面，即成。

 tipS

乳酪的應用

● 在烘焙的製做過程中，很多的產品都會添加乳酪原料，乳酪其實就是濃縮的牛奶，每公斤的乳酪是採用 10 公斤的牛奶所製成的，營養價值非常高。

如何打發奶油霜

● 奶油霜的製作過程非常簡單，採用液體鮮奶油添加少許的糖粉，再用攪拌機高速攪拌，將奶油打至色澤泛白，形狀濃稠不滴落，口感濃郁滑順。

World champion of the dessert of happiness

PART  3

&

奶酪布蕾類
Cheese buds type

Rich vanilla cheese

濃郁香草奶酪

- 製作時間：約 30 分鐘
- 難 易 度：★☆☆☆☆
- 製作數量：12 個
- 最佳賞味：3 天

濃郁香草奶酪作法

材料

吉利丁片	9g
香草籽粉	3g
純水	100g
細砂糖	60g
鮮奶	450g
動物性鮮奶油	150g

喜歡吃布丁口感的人，也可嘗試一下奶酪，你會發現原來奶酪製作非常簡單有趣，只要加入牛奶、吉利丁等材料，完全不需要技巧，也可以做出香濃柔滑的奶酪，一定要吃過之後，才能心領神會這份美好的幸福哦！

1 將吉利丁片剪成對半，放入容器中。

2 冷水浸泡約 3 ～ 5 分鐘（水量蓋過吉利丁片）。

3 將吉利丁片撈出，擠乾多餘水分。

4 純水、細砂糖、鮮奶放入鍋中，以中小火煮至細砂糖溶解（不沸騰），放入香草籽粉拌勻。

5 趁熱加入泡軟吉利丁片攪拌至溶解，放入動物性鮮奶油降溫。

6 倒入容器中，移至冰箱冷藏凝固，即成。

Midsummer mango cheese
盛夏芒果奶酪

- 製作時間：約 60 分鐘
- 難 易 度：★★☆☆☆
- 製作數量：15 個
- 最佳賞味：3 天

為了滿足每一個人的需求，奶酪早已成為每個媽媽的拿手絕活，取得季節盛產芒果，簡單製作香濃的果醬，倒入杯中牛奶香氣以及酸甜芒果的口感，更加深值人心啊！

材料

A 芒果果醬

吉利丁片 4g
冷凍芒果果泥 200g
新鮮芒果丁 120g
細砂糖 54g
芒果香甜酒 10g

B 香草奶酪

吉利丁片 9g
香草籽粉 3g
純水 100g
細砂糖 60g
鮮奶 450g
動物性鮮奶油 150g

A+B組合

芒果果醬
香草奶酪

A 芒果果醬作法

1 將吉利丁片剪成對半，放入容器中。

2 以冷水浸泡約 3～5 分鐘（水量需蓋過吉利丁片）。

3 將吉利丁片撈出，擠乾多餘水分，備用。

4 冷凍芒果果泥、新鮮芒果丁、細砂糖放入煮鍋，以中小火煮至細砂糖溶解。

5 趁熱加入泡軟的吉利丁片拌勻至溶解。

6 加入芒果香甜酒拌勻，即成「香甜芒果醬」。

- 製作芒果奶酪再加入芒果香甜酒，可以提升芒果的水果香氣，與奶酪搭配可以提升口感，更香濃美味好吃。
- 香草奶酪在煮熱的過程中，只需要加至溫熱，不能煮沸，因為溫度過熱無法發揮吉利丁的作用，導致奶酪無法凝固。
- 在製作芒果果醬時，加熱的溫度不能太大，只需要把細砂糖溶解即可，才不會增長冷卻的時間。

B 香草奶酪作法

1 將吉利丁片剪成對半，放入容器中。

2 以冷水浸泡約 3 ～ 5 分鐘（水量需蓋過吉利丁片）。

3 將吉利丁片撈出，擠乾多餘水分，備用。

4 取一個煮鍋，加入純水、細砂糖、鮮奶，以中小火煮至細砂糖溶解（不沸騰），放入香草籽粉。

5 趁熱加入泡軟的吉利丁片拌勻至溶解，加入動物性鮮奶油降溫。

A+B 組合

1 將香甜芒果醬倒入容器約四分之一，移入冰箱冷藏約半小時。

2 再倒入香草奶酪，移入冰箱冷藏約半小時，取出，即可食用。

Colorful raspberry cheese

繽紛覆盆子奶酪

・製作時間：約 60 分鐘
・難 易 度：★★☆☆☆
・製作數量：15 個
・最佳賞味：3 天

進入知名大飯店用餐，在甜點陳列區總會有讓眼睛為之一亮的杯點，其實只要必備製作奶酪的技巧，搭配不同的季節性水果即可完成好吃的甜點，在家就可以享受便宜又好吃的水果奶酪，尤其是夏季冰涼的奶酪更令人垂涎三尺。

材料

A 草莓覆盆子果醬

純水 25g
冷凍覆盆子草莓果泥 50g
新鮮草莓丁 50g
新鮮覆盆子 50g
細砂糖 120g
蘋果果膠粉 1g

B 香草奶酪材料

吉利丁片 9g
香草籽粉 5g
純水 100g
細砂糖 60g
鮮奶 450g
動物性鮮奶油 150g

A+B組合

草莓覆盆子果醬
香草奶酪

A 草莓覆盆子果醬作法

純水、冷凍覆盆子草莓果泥、新鮮草莓丁、新鮮覆盆子放入煮鍋，以中小火煮至溶解。

加入已混合的細砂糖、蘋果果膠粉繼續拌勻。

以中小火煮至沸騰濃稠，即成即成「草莓覆盆子果醬」。

B 香草奶酪作法

將吉利丁片剪成對半，放入容器中。

以冷水浸泡吉利丁片（水量需蓋過吉利丁片），浸泡約 3 ～ 5 分鐘。

將吉利丁片撈出，擠乾多餘水分，備用。

 tips

香草精和香草籽粉差異

- 香草精是濃縮的液態材料，味道濃厚；而香草籽粉是取自香草夾中的香草籽，經過乾燥處理，屬於天然食材，可以安心食用。

取一個煮鍋,加入純水、細砂糖、鮮奶,以中小火煮至細砂糖溶解(不沸騰),放入香草籽粉。

趁熱加入泡軟吉利丁片溶解攪拌均勻,加入動物性鮮奶油降溫。

A+B 組合

將香草奶酪倒入容器中,移入冰箱冷藏約半小時。

取出已凝固香草奶酪,將草莓覆盆子果醬淋覆於表面,即可食用。

 tipS

- 使用蘋果果膠粉,必須與砂糖先進行混合,才不會在加熱的過程中產生結塊的現象。
- 草莓覆盆子果醬在加熱的過程中,火候不要太大,並且要隨時觀察果醬的稠度,不需要完全收乾,濃稠度取適中,可以淋在奶酪上面即可。

Caramel brulee

焦糖布蕾

- 製作時間：約 60 分鐘
- 難 易 度：★★☆☆☆
- 製作數量：20 個
- 最佳賞味：3 天

材料

A 焦糖

純水	100g
細砂糖	100g

B 布蕾

鮮奶	210g
動物性鮮奶油	320g
馬斯卡邦起司	65g
細砂糖	35g
本合糖	35g
全蛋	1顆
蛋黃	5顆

A 焦糖作法

1. 將純水與細砂糖放入煮鍋，以中小火煮至焦化（避免攪拌焦糖）。

2. 將焦糖趁熱倒入烘焙用矽膠墊上，待冷卻凝固，放入布蕾杯底部。

B 布蕾作法

1. 全部材料放入煮鍋，以中小火煮至細砂糖溶解。

2. 以細目濾網過篩，過濾雜質。

3. 倒入布蕾杯中。

4. 烤箱以上火 150 ／下火 150 預 熱 約 15 分鐘，隔水烤焙約 30 ～ 40 分鐘，即成。

Strawberry and raspberry brulee

雙莓布蕾

- 製作時間：約 60 分鐘
- 難 易 度：★★☆☆☆
- 製作數量：20 個
- 最佳賞味：3 天

雙莓布蕾作法

① 鮮奶、動物性鮮奶油、馬斯卡邦起司、本合糖放入煮鍋，以中小火煮至溶解（均勻）。

② 趁熱沖入全蛋、蛋黃中快速拌勻。

③ 接著以細目濾網過篩，過濾雜質。

④ 倒入布蕾杯中。

⑤ 烤箱以上火 150 ／下火 150 預熱約 15 分鐘，以隔水烤焙約 30 ～ 40 分鐘，取出，搭配時令水果裝飾，即可食用。

材料

鮮奶 210g
動物性鮮奶油 320g
馬斯卡邦起司 65g
本合糖 70g
全蛋 1顆
蛋黃 5顆
時令水果 .... 適量

每當季節進入冬季，天氣開始變涼，可帶著孩子一起到超市選擇喜愛的水果製作果醬，利用香氣十足的本合糖搭配馬斯卡邦起司烘烤出爐的布蕾，絕妙好滋味一次滿足！

World champion of the dessert of happiness

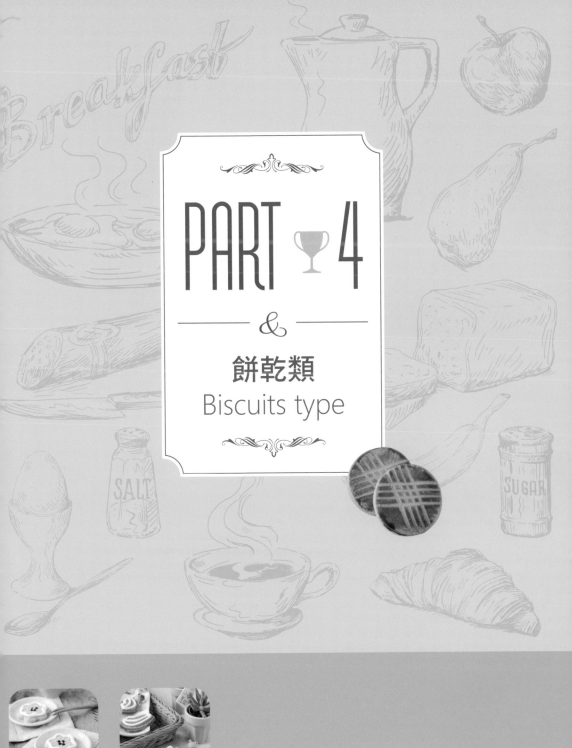

PART 4

&

餅乾類
Biscuits type

Manually vanilla cookie

香草手工餅乾

- 製作時間：約 50 分鐘
- 難 易 度：★☆☆☆☆
- 製作數量：35 個
- 最佳賞味：7 天

製作手工餅乾只要準備簡單的材料拌勻，放入烤箱烘烤，餅乾的的色澤與奶油香氣十分迷人，你也可發揮巧思利用模型變化出各種形狀，利用假期帶著小孩一起製作，當成全家的美好下午茶時光哦！

材料

奶油	120g
細砂糖	120g
精鹽	1g
全蛋	1顆
香草精	2g
低筋麵粉	250g
蛋黃液	適量

香草手工餅乾作法

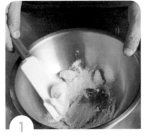

1 將奶油、細砂糖、精鹽放入容器中攪拌均勻。

2 加入全蛋、香草精，將其攪拌均勻。

3 加入過篩後的低筋麵粉拌勻，完成後，放入冰箱冷藏約半小時。

4 使用擀麵棍將餅乾麵團桿平至厚度一致（約 0.5 至 1 公分）。

5
使用圓形壓模壓出圓形片
狀,放置於烤盤上。

6
餅乾的表面擦上一層蛋黃
液。

7
用叉子在餅乾表面輕輕畫
出紋路。

8
烤箱以上火 180 ∕下火
160 預熱 15 分鐘。

9
放入餅乾烤焙約 25 至 30
分鐘,取出,即可食用。

tipS

- 製作餅乾著重於原料的使用與調配,奶油可以挑選法國總統牌發酵奶油,原
  料是採用牛奶及鮮奶油所製成,不含反式脂肪,含有濃郁的乳香味,製作餅
  乾可提升成品豐富的滋味。
- 表面使用的蛋黃液可以塗上兩次,增加餅乾的顏色和紋路,讓成品的光澤更
  加晶亮。

Frosting rabbit style cookie

兔兔糖霜餅乾

・製作時間：約 70 分鐘
・難 易 度：★★☆☆☆
・製作數量：30 個
・最佳賞味：7 天

利用餅乾的基本食材搭配耐烤焙的巧克力，使用小兔子造型壓模壓出吸睛的造型，並在烤焙出爐後放涼的餅乾上面，使用蛋白檸檬糖霜塗抹亮麗的顏色，畫出可愛兔子的五官，多重豐富外型保證大人小孩都愛不釋手。

材料

A 香草餅乾

奶油	120g
細砂糖	120g
精鹽	1g
全蛋	1顆
低筋麵粉	250g
香草精	2g
水滴巧克力豆	50g

B 檸檬糖霜

糖粉	460g
新鮮檸檬汁	10g
蛋白	90g

A+B組合

香草餅乾
檸檬糖霜
黃、紅、黑色天然色素
黃色翻糖小花

A 香草餅乾作法

1 將奶油、細砂糖、精鹽放入容器中攪拌均勻。

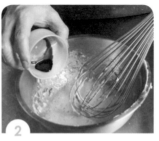

2 加入全蛋、香草精,將其攪拌均勻。

3 加入過篩後的低筋麵粉、水滴巧克力豆拌勻,移入冰箱冷藏約半小時。

4 使用擀麵棍將餅乾麵團擀平至厚度一致(約 0.5 至 1 公分)。

5 使用造型壓模壓出兔兔造型,放置於烤盤上。

6 烤箱以上火 180 /下火 160 預熱 15 分鐘,烤焙約 25 至 30 分鐘完成,待冷卻。

B 檸檬糖霜作法

1 將糖粉、蛋白放入鋼盆中,加入檸檬汁。

2 使用攪拌器打發,即成「檸檬糖霜」,裝入拋棄式擠花袋中,在開口處剪開小洞,備用。

3 取檸檬糖霜,加入黃色天然色素液拌勻,裝入拋棄式擠花袋中,在開口處剪開小洞,備用。

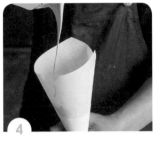

4 取檸檬糖霜,加入紅色天然色素液拌勻,裝入拋棄式擠花袋中,在開口處剪開小洞,備用。

5 取檸檬糖霜,加入黑色天然色素液拌勻,裝入拋棄式擠花袋中,在開口處剪開小洞,備用。

A+B 組合

1 將檸檬糖霜均勻擠在兔兔餅乾表面,輕輕在桌面上敲平。

2 取粉紅色檸檬糖霜,發揮創意畫出兔兔的耳朵、手、腳。

3 取黑色檸檬糖霜,發揮創意畫出兔兔的眼睛及領帶結。

4 放上黃色翻糖小花點綴造型,即成。

tips

- 水滴巧克力豆需要使用耐烤型的巧克力豆,操作性佳,成品口感絕佳,建議開封後放置陰涼處,且半年內要使用完畢。
- 使用糖霜的液狀不能過於濃稠,表面才能平滑,建議先在餅乾外圍擠一圈後,再把中間圖案填滿,等待表層完全乾燥後,才能製作表面的眼睛與鼻子造型。

Frosting hazelnut cookie with Winnie the candy

小熊核桃糖霜餅乾

- 製作時間：約 70 分鐘
- 難 易 度：★★☆☆☆
- 製作數量：30 個
- 最佳賞味：7 天

糖霜和餅乾類似畫筆與畫紙，每個人都可以發揮創意製作各種驚喜的圖案，只要調配出亮麗的顏色，即可輕鬆進入到糖霜餅乾彩繪的世界，勾勒出動物、花草或人物的夢幻造型，不僅好看更好吃。

材料

A 核桃巧克力餅乾

奶油	122g
細砂糖	70g
精鹽	2g
全蛋	1顆
楓糖漿	12g
低筋麵粉	190g
耐烤焙巧克力豆	135g
核桃碎	200g

B 檸檬糖霜

糖粉	460g
新鮮檸檬汁	10g
蛋白	90g

A+B組合

核桃巧克力餅乾
檸檬糖霜
黃、紅色天然色素
深黑純可可粉

A 核桃巧克力餅乾作法

1 將奶油、細砂糖、精鹽放入容器中拌勻後,再加入全蛋及楓糖漿,攪拌均勻。

2 加入過篩後的低筋麵粉拌勻。

3 加入耐烤焙巧克力豆及核桃碎攪拌均勻,放入冰箱冷藏約半小時。

4 使用擀麵棍將餅乾麵團桿平至厚度一致(約 0.5 至 1 公分)。

5 使用熊熊造型壓模壓出熊熊造型,成品放置於烤盤內。

6 烤箱以上火 180 /下火 160 預熱 15 分鐘,烤焙約? 25 至 30 分鐘,待冷卻,取出。

B 檸檬糖霜作法

1 將糖粉、蛋白放入鋼盆中,加入檸檬汁。

2 使用攪拌器打發,即成「檸檬糖霜」,裝入拋棄式擠花袋中,在開口處剪開小洞,備用。

3 取適量檸檬糖霜,加入黃色天然色素液拌勻,裝入拋棄式擠花袋中,在開口處剪開小洞,備用。

4 取適量檸檬糖霜，加入咖啡色天然色素液拌勻，裝入拋棄式擠花袋中，在開口處剪開小洞，備用。

5 取適量檸檬糖霜，加入深黑純可可粉拌勻，裝入拋棄式擠花袋中，在開口處剪開小洞，備用。

A+B 組合

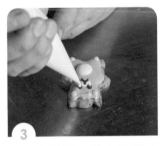

1 取咖啡色檸檬糖霜，沿著周圍畫出熊熊的身體。

2 取黃色糖霜，畫出熊熊的耳朵、腳，再用糖霜畫出熊熊的嘴巴、肚子。

3 取黑色糖霜，畫出熊熊的眼睛及嘴巴造型。

✏️ tipS

- 此道材料的楓糖漿也可以改用蜂蜜代替，這兩種食材都各具有獨特的風味及口感。
- 核桃含有優量的油脂，可以切碎使用，或者也可以依照個人喜歡的乾果食材做變化，如杏仁粒，葡萄乾等材料。

Frosting earl cookie with flower pattern

 伯爵花卉糖霜餅乾

- 製作時間：約 70 分鐘
- 難 易 度：★★☆☆☆
- 製作數量：30 個
- 最佳賞味：7 天

糖霜餅乾塗丫會依照天氣溫度變化乾燥時間會有所差異，因此重覆著色部分必須等到完全乾燥才能再疊色，或者也能放進低溫 80 度烘烤 1 至 2 小時，但餅乾會吸收糖霜的水份而變軟，所以要加以注意乾燥程度，才不會因為烘烤時間太久而影響到美觀。

材料

A 伯爵茶餅乾

奶油 70g
法國麵粉 250g
細砂糖 30g
伯爵茶粉 4g

B 檸檬糖霜

糖粉 460g
新鮮檸檬汁 10g
蛋白 90g

A+B組合

伯爵茶餅乾
檸檬糖霜
黃、紅色天然色素
深黑純可可粉

A 伯爵茶餅乾作法

1 使用攪拌機將奶油、法國麵粉、細砂糖拌勻（不打發）。

2 加入伯爵茶粉拌勻，放入冰箱冷藏約半小時。

3 使用擀麵棍將餅乾麵團擀平至厚度一致（約 0.5 至 1 公分）。

4 使用小花造型壓模壓出小花造型。

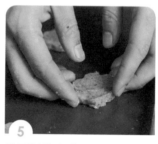

5 放置於烤盤上。

6 烤箱以上火 180 ／下火 160 預熱 15 分鐘，烤焙約 25 至 30 分鐘，待冷卻，取出。

B 檸檬糖霜作法

1 將糖粉、蛋白放入鋼盆中，加入檸檬汁。

2 使用攪拌器打發，即成「檸檬糖霜」，裝入擠花袋中剪開小洞，備用。

3 取檸檬糖霜，加入黃色天然色素液拌勻，裝入擠花袋中剪開小洞，備用。

取檸檬糖霜,加入紅色天
然色素液拌勻,裝入花袋
中剪開小洞,備用。

取適量檸檬糖霜,加入深
黑純可可粉拌勻,裝入拋
棄式擠花袋中,在開口處
剪開小洞,備用。

—— A+B 組合 ——

取黃色糖霜,擠入花朵餅
乾表面。

取黑色糖霜,點四點為花
蕊。

取粉紅色糖霜,點一點為
花心。再用檸檬糖霜,發
揮創意畫上花邊。

✏️ tipS

- 使用伯爵茶前,必須先放入研磨器攪打呈粉末細狀之後,在加入餅乾麵團拌勻,
  才不會因為顆粒太大,影響口感。
- 英國著名的伯爵茶是屬於調味紅茶,已有融入淡淡芳香的佛手柑成分,採用於
  餅乾成分中,經過烤焙之後,成品的香氣優雅迷人,風評極佳。

Frosting raspberry cookie

覆盆子糖霜餅乾

・製作時間：約 70 分鐘

・難 易 度：★★☆☆☆

・製作數量：30 個

・最佳賞味：7 天

糖霜的成分有軟硬度的差異，如較硬的、適中和有流性的，都可以應用在寫字、裝飾線條或擠出各種花朵、人物卡通造型，也可應用在節慶的作品，如聖誕節的薑餅屋組合糖霜，營造出有雪人、雪地及雪球等技巧變化。

材料

A 覆盆子餅乾

奶油 120g
細砂糖 120g
精鹽 1g
全蛋 1顆
低筋麵粉 250g
乾燥覆盆子粉 20g

B 檸檬糖霜

糖粉 460g
新鮮檸檬汁 10g
蛋白 90g
紅色天然色素 .... 約1～2g

A+B組合

覆盆子餅乾
檸檬糖霜

A 覆盆子餅乾作法

①
將奶油、細砂糖、精鹽放入容器中攪拌均勻。

②
加入全蛋將其攪拌均勻。

③
加入過篩後的低筋麵粉、乾燥覆盆子粉拌勻。

④
完成後，放入冰箱冷藏約半小時。

⑤
使用擀麵棍將餅乾麵團擀平至厚度一致（約 0.5 至 1 公分）。

⑥
使用嘴唇造型壓模壓出嘴唇造型。

⑦
放置於烤盤上。

⑧
烤箱以上火 180 ／下火 160 預熱 15 分鐘，烤焙約 25 至 30 分鐘，待冷卻，取出。

B 檸檬糖霜作法

① 將糖粉、蛋白放入鋼盆中，加入檸檬汁。

② 使用攪拌器打發，即成「檸檬糖霜」，裝入拋棄式擠花袋中，在開口處剪開小洞，備用。

③ 取適量檸檬糖霜，加入紅色天然色素液拌勻，裝入拋棄式擠花袋中，在開口處剪開小洞，備用。

A+B 組合

① 取粉紅色檸檬糖霜，擠入嘴唇餅乾表面。

② 取檸檬糖霜，發揮創意畫出嘴唇造型。

tips

- 乾燥的覆盆子粉是純天然的水果粉，10 公斤新鮮的覆盆子經低溫脫水處理後，只能變成 1 公斤的覆盆子粉，價格較高，添加覆盆子粉不但有染色的用途，同時也有增添口感的作用，形成酸酸甜甜的迷人滋味。
- 覆盆子粉開封之後，建議保存時必須用密封袋密封，置放於陰涼處，避免陽光直射，不能接觸空氣，以免潮濕產生變質。

覆盆子糖霜餅乾   113

World champion of the dessert of happiness

PART 5

&

杯裝蛋糕類
Cupcakes type

Classic muffin cupcake

經典馬芬杯蛋糕

・製作時間：約 60 分鐘

・難 易 度：★☆☆☆☆

・製作數量：40 個

・最佳賞味：3 天

材料

全蛋 .... 9顆（約450g）	沙拉油 560g
細砂糖 560g	奶水 200g
低筋麵粉 560g	耐烤焙巧克力豆 300g
泡打粉 1g	

經典馬芬杯蛋糕作法

1 將全蛋、細砂糖拌勻稍微打發。

2 加入過篩的低筋麵粉、泡打粉拌勻。

3 加入沙拉油、奶水拌勻。

4 加入耐烤焙巧克力豆用慢速拌勻，即成「麵糊」。

5 將麵糊擠入耐烤焙馬芬杯中約七分滿。

6 烤箱以上火 180 ／下火 180 預熱約 20 分鐘，將作法 5 烤焙約 20 至 25 分鐘，即可食用。

Michael Wazowski chocolate cupcake

大眼怪巧克力杯蛋糕

- 製作時間：約 90 分鐘
- 難 易 度：★★★☆☆
- 製作數量：30 個
- 最佳賞味：3 天

杯蛋糕受歡迎的程度難以想像，這次製作兒童非常喜愛的大眼怪馬芬杯蛋糕，使用糖漬櫻桃結合巧克力豆烘烤，搭配甜而不膩的奶油霜，利用白色巧克力和黑巧克力構造成，用模型壓出造型，再發揮創意畫出眼睛和嘴巴，真是可愛到令人無法抗拒的下午茶點心。

材料

A 原味奶油霜

奶油 200g
糖粉 60g

B 巧克力櫻桃馬芬

全蛋 6顆
細砂糖 375g
低筋麵粉 375g
沙拉油 375g
泡打粉 0.6g
奶水 135g
耐烤焙巧克力豆 200g
糖漬黑櫻桃 60g

C 檸檬糖霜

糖粉 460g
新鮮檸檬汁 10g
蛋白 90g

▌ A 原味奶油霜作法

① 使用攪拌器將奶油打發至稍微泛白。

② 再加入糖粉繼續打發至整體均勻呈挺立狀。

A+B+C組合

原味奶油霜
巧克力櫻桃馬芬
檸檬糖霜
白巧克力片
抹茶巧克力片
黑巧克力片

③ 裝入菊花型花嘴擠花袋。

B 巧克力櫻桃馬芬作法

1
將全蛋、細砂糖拌勻稍微打發。

2
加入過篩的低筋麵粉、泡打粉拌勻。

3
加入沙拉油、奶水拌勻。再加入耐烤焙巧克力豆。

4
加入糖漬黑櫻桃拌勻，即成「巧克力櫻桃馬芬麵糊」。

5
將「巧克力櫻桃馬芬麵糊」分裝至拋棄式擠花袋中，在開口處剪出洞口。

6
將麵糊擠入耐烤焙馬芬杯中約七分滿。

7
烤箱以上火 180 ／下火 180 預熱約 20 分鐘，將作法 6 烤焙約 20 至 25 分鐘，取出，即可食用。

 tipS

- 添加糖漬黑櫻桃前，必須先把水分完全壓乾，再放入麵糊糊中拌勻，才不會造成麵糊水分過多影響口感。
- 奶油霜在打發的過程中，必須要打至全發之後，奶油才可食用。
- 巧克力要用非調溫白巧克力，成份裡面有添加抹茶粉，可以增加巧克力的味道和顏色。

A+B+C 組合

1 將已溶化的白巧克力，倒在塑膠片上面抹平，等 10 分鐘後凝固。

2 取圓形壓模壓出圓片。

3 將已溶化的白巧克力，加入抹茶粉調合，倒在塑膠片上面抹平，等 10 分鐘後凝固。

4 取圓形壓模壓出圓片。

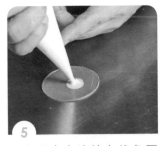

5 取白巧克力液塗在綠色圓片中間。

6 放上白色巧克力圓片。

7 再用白巧克力液，黏合黑色巧克力片。

8 取白巧克力液，畫出眼睛及嘴巴。

9 最後擠上檸檬糖霜在表層上面擺放做好的怪獸眼睛巧克力裝飾片，即成。

Elf style cheese cupcake

小精靈乳酪杯蛋糕

- 製作時間：約 90 分鐘
- 難 易 度：★★★☆☆
- 製作數量：30 個
- 最佳賞味：3 天

材料

A 乳酪核桃

奶油乳酪	225g
奶油	170g
細砂糖	220g
全蛋	220g
香草精	8g
低筋麵粉	240g
泡打粉	5g
核桃碎（烘烤過的）	200g

B 榛果奶油霜

奶油	200g
糖粉	60g
榛果醬	10g

C 檸檬糖霜

糖粉	460g
新鮮檸檬汁	10g
蛋白	90g

A 乳酪核桃作法

1 加入奶油乳酪、奶油、細砂糖繼續攪拌均勻。

2 分次加入全蛋、香草精拌勻乳化。

3 加入低筋麵粉、泡打粉以慢速拌勻。

4 最後加入烘烤過的核桃碎拌勻，即可。

A+B+C組合

乳酪核桃
榛果奶油霜
檸檬糖霜
彩虹米菓
精靈餅乾（作法詳見第107頁）

5 裝入裝至拋棄式擠花袋中，在開口處剪出洞口。

6 將麵糊擠入耐烤焙馬芬杯中約七分滿。

7 烤箱以上火 180 ／ 下火 180 預熱約 20 分鐘，烤焙約 20 至 25 分鐘，取出，即可食用。

B 榛果奶油霜作法

1 使用攪拌器將奶油打發至稍微泛白。

2 再加入糖粉繼續打發至整體均勻呈挺立狀。

3 再加入榛果醬拌勻。

4 裝入拋棄式擠花袋中，再裝入裝飾用菊花型花嘴。

- 奶油乳酪在使用前，先從冰箱取出降至常溫，這樣再與奶油結合時，才容易混合均勻。
- 麵糊加入全蛋時，必須分次加入，不能一次倒入太多，以免造成乳化不完全，導致奶油產生分離的現象。

C 檸檬糖霜作法

1

將糖粉、蛋白放入鋼盆中，
加入檸檬汁。

2

使用攪拌器打發，即成「檸
檬糖霜」。

3

取檸檬糖霜，加入紅色天
然色素液拌勻，裝入拋棄
式擠花袋中，在開口處剪
開小洞，備用。

A+B+C 組合

1

將精靈餅乾上面用黑色糖
霜畫上眼睛和嘴巴。

2

在用粉紅色糖霜畫上眼淚
即可。

3

將完成的乳酪核桃馬芬
上，用榛果奶油霜擠出菊
花螺旋狀。

4

在榛果奶油霜旁灑上彩虹
米菓。

5

最後在表層上面擺放做好
的精靈餅乾，即成。

小精靈乳酪杯蛋糕

Potted tiramisu

盆栽提拉米蘇

- 製作時間：約 60 分鐘
- 難 易 度：★★★☆☆
- 製作數量：35 杯
- 最佳賞味：3 天

提拉米蘇是用正統的作法，讓手指蛋糕吸收咖啡酒糖水，且馬斯卡邦乳酪忠於道地原味，放入盆栽的造型杯中，改變原本的可可粉製作出類似泥土的巧克力糖酥，猶如走入義大利的餐廳品味著最經典的甜點風，充滿著浪漫的氛圍，找個時間一起來享受吧！

材料

A 手指蛋糕

蛋黃 ....8顆（約160g）
細砂糖 110g
蛋白 ....8顆（約240g）
細砂糖 140g
低筋麵粉 200g

B 咖啡糖酒水

純水 30g
細砂糖 100g
即溶咖啡粉（無糖）........ 50g
卡魯哇咖啡香甜酒 30g

C 巧克力糖酥

糖粉 30g
低筋麵粉 25g
杏仁粉 25g
奶油 25g
純可可粉 20g

D 乳酪餡

吉利丁片 2.6g
動物性鮮奶油 200g
細砂糖 30g
蛋黃 56g
馬斯卡邦起司 200g

A+B+C+D組合

盆栽造型慕斯杯
乳酪餡
刷上咖啡糖酒液的手指蛋糕
巧克力糖酥

A 手指蛋糕作法

1

使用網狀攪拌器將蛋黃、細砂糖（110g）打發。

2

同時使用網狀攪拌器將蛋白、細砂糖（140g）打發。

3

再將打發完成的蛋白，分次加入前項拌勻。

4

分次拌入低筋麵粉攪拌均勻。

5

將完成的麵糊裝入拋棄式擠花袋中，使用平口花嘴，在開口處剪出洞口。

6

以平口斜線方式擠在已鋪好烤盤紙的烤盤上。

7

放入烤箱以上火 180 ／下火 180 烤焙約 25 至 30 分鐘。

8

烤焙出爐後待蛋糕冷卻，使用小圓切模（直徑 6 ～ 8 公分）壓出小蛋糕體，備用。

B 咖啡糖酒水作法

1 將純水、細砂糖放入煮鍋，以中小火煮至細砂糖溶解（整體沸騰）。

2 在加入即溶咖啡粉煮沸均。

3 加入卡魯哇咖啡香甜酒拌勻。

4 稍微以小火加熱，咖啡糖酒水即成。

5 使用烘焙用羊毛刷沾取咖啡糖酒水，讓手指蛋糕表面吸附上咖啡糖酒水。

C 巧克力糖酥作法

1 將所有的材料放入容器中，使用攪拌器拌勻呈糰狀。

2 再捏成小塊狀，設定間隔距離擺放至已鋪好烤盤紙的烤盤上。

3 放入烤箱以上火 150 ／下火 150 烤焙約 20 至 35 分鐘。

D 乳酪餡

1 將吉利丁片對折剪成一半,使用容器以冷水浸泡約3～5分鐘(水量需蓋過吉利丁片),撈出,擠乾多餘水分,備用。

2 將動物性鮮奶油先打發,完成後,放入冷藏備用。

3 使用容器以中小火,將細砂糖、蛋黃隔水加熱打發至蓬鬆。

4 趁熱加入泡軟的吉利丁片拌勻至溶解。

5 加入軟化的馬斯卡邦起司拌勻。

6 最後加入已打發的動物性鮮奶油拌勻乳化,即成乳酪餡後,裝入拋棄式擠花袋中,備用。

 tipS

- 手指蛋糕再送進烤爐前,麵糊表面必須撒上一層糖粉才能進爐,這樣出爐時,手指蛋糕上面才會產生一層脆皮。
- 卡魯哇咖啡香甜酒可以稀釋沾在手指蛋糕上面,而加入乳酪慕斯中是為了增加提拉米蘇整體的香氣與提升口感的美味層次。
- 製作巧克力糖酥的過程中,必須先把糖酥烤好之後,才能進行敲碎的動作。

A+B+C+D 組合

1 在盆栽造型杯底部倒入約三分之一完成的乳酪餡。

2 在乳酪餡上放入一片手指蛋糕。

3 再於中間倒入一部分的乳酪餡。

4 再在中間乳酪餡處放入一片手指蛋糕。

5 最後將乳酪餡倒入慕斯杯的約八分滿。

6 將盆栽造型杯表面輕輕敲平,將盆栽造型杯移入冰箱冷藏1小時(待凝固定型)。

7 將盆栽造型杯取出,表面撒上巧克力糖酥。

8 最後放上新鮮薄荷葉子,即成。

Strawberry cream muffin

草莓鮮奶油鬆餅

・製作時間：約 60 分鐘
・難 易 度：★★☆☆☆
・製作數量：20 個
・最佳賞味：7 天

好令人開心的草莓鬆餅是早餐和下午茶必備的點心，不需用烤箱，只要用平底鍋就可完成的美食，加上鮮奶油堆疊，真的非常吸晴，也可以搭配各式糖漿、果醬或是時令水果結合香醇滑口的鮮奶油，或者也能為小朋友放顆香草冰淇淋，絕妙的好滋味一次滿足。

材料

A 鬆餅

全蛋	100g
細砂糖	25g
精鹽	1.5g
鮮奶	140g
橄欖油	30g
焦化奶油	150g
香草籽粉	5g
低筋麵粉	180g
泡打粉	8g

B 生乳餡

砂糖	25g
動物性鮮奶油	250g
日本香緹調合鮮奶油	250g

A+B組合

煎好的鬆餅、打發完成的生乳餡、各式新鮮水果

A 鬆餅作法

1 使用攪拌器將全蛋、細砂糖、精鹽打發至整體顏色泛白（組織蓬鬆）。

2 將打發完成的一半麵糊取出，加入鮮奶、橄欖油拌勻。

3 分次加入香草籽粉、低筋麵粉、泡打粉，動作要緩慢輕柔攪拌拌勻（至無麵粉顆粒）即成。

4 將煮融的焦化奶油加入麵糊中。

5 用打蛋器攪拌均勻即可。

6 使用防沾黏的平底鍋，抹上一層薄薄的奶油，加熱平底鍋。

7 在預熱好的平底鍋中倒入一大勺麵糊，讓麵糊呈圓形狀。

8 以中小火煎約兩分鐘。

9 底部呈現金黃色即可翻面，兩面均勻上色。

B 生乳餡作法

1

使用攪拌器將砂糖、動物性鮮奶油、日本香緹調合鮮奶油，以隔冰水的方式打發。

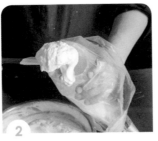

2

將生乳餡分裝至拋棄式擠花袋中，裝上裝飾花嘴，將開口處剪開，移入冰箱冷藏，備用。

A+B 組合

1

先將新鮮草莓切片。

2

在瓷盤中先放入一層鬆餅，擠上適量的生乳餡。

3

再將鬆餅的表層上面放入新鮮草莓。

4

再放入一層鬆餅，擠上適量的生乳餡

5

再將鬆餅的表層上面放上新鮮草莓。

6

放上最後一層鬆餅，擠上生乳餡，放上新鮮草莓，即成。

World champion of the dessert of happiness

PART 6

&

果凍軟糖類
Jelly candy type

Peach firm texture jelly

水蜜桃 QQ 果凍

- 製作時間：約 30 分鐘
- 難 易 度：★☆☆☆☆
- 製作數量：15 個
- 最佳賞味：3 天

可以左晃右晃的半固體果凍是小孩子們最喜歡的甜食，利用果凍粉加水、糖及果汁製成，可再添加季節盛產的水果口感更加令人垂涎，而製作時可挑選喜愛的容器來盛裝，待凝固脫模之後，即可呈現美味的視覺效果。

材料

水蜜桃果肉	50g
蜜桃汁（罐頭）	200g
細砂糖	26g
果凍粉	14g
純水	420g

水蜜桃 QQ 果凍作法

① 將純水、蜜桃汁、細砂糖放入煮鍋。

② 加入果凍粉攪拌均勻，以中小火煮至沸騰。

③ 倒入杯形的模具中八分滿，加入水蜜桃果肉。

④ 移入冰箱至冷藏約 1 小時，待其凝固，取出即可食用。

tips

- 果凍粉在使用中也須和砂糖是先混合在加入，才不會造成結粒的現象。
- 果凍粉在製作時，一定要煮至沸騰，才會發揮作用喔。

Franch raspberry gummy

法式覆盆子軟糖

· 製作時間：約 30 分鐘

· 難 易 度：★☆☆☆☆

· 製作數量：15 個

· 最佳賞味：3 天

材料

覆盆子果泥 166g

糖漿 37g

細砂糖 183g

蘋果果膠粉 10g

法式軟糖是法國經典的甜食之一，利用水果、糖漿及蘋果果膠粉煮製成濃稠狀，再倒入各種模型等待凝固定型之後，可用刀分切小塊，或是用造型壓模變化各種形狀，天然的口感在嘴裡釋放酸甜的滋味，令人一口接一口愛不釋手。亦可存放在玻璃罐中，即成廚房中最晶瑩剔透的療癒美食。

↗掃我看影片

法式覆盆子軟糖作法

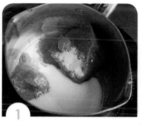

1 將覆盆子果泥、糖漿放入煮鍋，以中小火加熱至沸騰。

2 加入細砂糖、蘋果果膠粉攪拌均勻，以小火煮至 114℃（邊煮邊攪拌）。

3 趁熱倒入圓形模具中，冰至冷藏約 1 小時（待凝固）。

4 取出脫膜，依個人喜好沾取細砂糖。

5 用刀具切除圓邊後，裁切正方形小塊。

6 每面沾細砂糖，即成。

Flower pattern gummy

花漾水果軟糖

・製作時間：約 60 分鐘
・難 易 度：★★☆☆☆
・製作數量：15 個
・最佳賞味：3 天

水果軟糖原料都是採用市售的冷凍果泥製作，因為經過冷凍處理果泥有加工的程序，除菌、穩定性高，所以可以利用製作方式變化軟糖的造型，再沾上細砂糖，呈現不同的樣貌，口感含有自然的水果香氣，大人小孩都讚譽有加。

材料

新鮮芒果 10g
芒果果泥 166g
糖漿 37g
細砂糖 183g
蘋果果膠粉 10g

花漾水果軟糖作法

1 將芒果果泥、糖漿、細砂糖及蘋果果膠粉放入煮鍋，中小火加熱至沸騰。

2 趁熱倒入模型中，輕輕敲平，冰至冷藏約 1 小時（待凝固）。

3 將冷卻凝固的芒果軟糖沾上砂糖。

4 用花形壓模壓出形狀。

5 將芒果軟糖沾上細砂糖，或放入乾燥罐中保存。

Orange mint gummyy

鮮橙薄荷果凍

- ·製作時間：約 30 分鐘
- ·難 易 度：★☆☆☆☆
- ·製作數量：8 杯
- ·最佳賞味：3 天

材料

吉利丁片 8g	蜂蜜 20g
新鮮柳橙汁 100g	薄荷葉 ....適量
純水 50g	
細砂糖 10g	

鮮橙薄荷果凍作法

① 吉利丁片放入容器中，以冷水浸泡 3～5 分鐘後（水量需蓋過吉利丁片），撈出，擠乾多餘水分，備用。

② 使用刀子沿著果肉周圍慢慢將果肉取出（形成柳橙皮呈中空的碗狀）。

③ 將純水、細砂糖放入煮鍋，以中小火加熱沸騰。

④ 加入蜂蜜、新鮮柳橙汁拌勻。

⑤ 趁熱加入泡軟的吉利丁片拌勻至溶解。

⑥ 倒入中空的柳橙碗中，冷藏至約 1 小時（待凝固），擺上薄荷葉裝飾。

Litchi gummy poached egg style

荔枝荷包蛋軟糖

- 製作時間：約 30 分鐘
- 難 易 度：★★☆☆☆
- 製作數量：30 個
- 最佳賞味：3 天

其實軟糖也可以有多種創意變化，發揮更多的想像力，可以做成像荷包蛋的造型，用水果的顏色做組合！芒果的顏色是黃色，可以製作成蛋黃，而荔枝的顏色是白色可以製作成蛋白，這樣成品就變成非常有趣的荷包蛋了，接著換你再想出更多好玩的創意軟糖哦！

材料

A 芒果軟糖

新鮮芒果 10g
芒果果泥 166g
糖漿 37g
細砂糖 183g
蘋果果膠粉 10g

B 荔枝軟糖

荔枝果泥 170g
糖漿 35g
細砂糖 185g
蘋果果膠粉 10g
荔枝酒 5g

A+B組合

芒果軟糖
荔枝軟糖

A 芒果軟糖作法

將新鮮芒果、芒果果泥、糖漿、細砂糖、蘋果果膠粉放入煮鍋,以中小火加熱煮至沸騰。

將芒果軟糖漿灌入矽膠模中。

B 荔枝軟糖作法

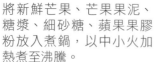

將荔枝果泥、糖漿、細砂糖、蘋果果膠粉放入煮鍋,以中小火加熱煮至沸騰。

加熱沸騰後加入荔枝酒拌勻,即成。

A+B 組合

將完成的芒果軟糖放入圓形矽膠模正中間,形成荷包蛋蛋黃待其冷卻凝固。

趁熱將完成的荔枝軟糖倒入圓形矽膠模其餘空間,形成荷包蛋蛋白的部分。

移入冰箱冷藏約 1 小時,將完成軟糖沾上細砂糖,放入乾燥罐中保存,即成。

World champion of the dessert of happiness

PART 7

&

蛋糕捲類
Cake rolls type

Fresh milk cake roll

生乳蛋糕捲

- 製作時間：約 60 分鐘
- 難 易 度：★★★☆☆
- 製作數量：1 條
- 最佳賞味：3 天

生乳捲是網路銷售冠軍的甜點，它的鬆軟的海綿蛋糕搭配上爽口香濃鮮奶油餡，質地蓬鬆、濕潤，搭配輕爽口味的卡士達奶油餡，非常適合各年齡層食用，吃上一口就會愛它一輩子。

材料

A 蛋糕捲

橘子水（罐頭）	300g
沙拉油	300g
低筋麵粉	225g
泡打粉	1g
蛋黃	250g
蛋白	500g
細砂糖	250g

B 卡士達內餡

動物性鮮奶油（打發）	150g
卡士達粉	175g
鮮奶	500g

A+B組合

蛋糕捲
卡士達內餡

A 蛋糕捲作法

1 將橘子水、沙拉油放入鋼盆，使用攪拌器拌勻。

2 加入低筋麵粉、泡打粉拌勻。

3 加入蛋黃拌勻，即成「蛋黃麵糊」。

4 蛋白、細砂糖放入鋼盆，使用攪拌機打發至挺立，尖端呈微垂狀。

5 打發後，加入作法 3 的蛋黃麵糊混合拌勻。

6 將完成的蛋糕麵糊倒入鋪好烤盤紙的烤盤上，將其抹平。

7 放入烤箱以上火 190／下火 150 烤焙約 10 分鐘。

8 烘烤 10 分鐘後，將烤盤前後掉頭，將爐火調至上火 150／下火 150 繼續烤焙 10 分鐘。

9 出爐後，待蛋糕體冷卻，備用。

154

B 卡士達內餡作法

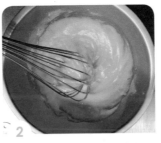

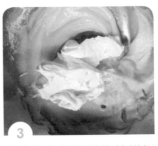

1. 將動物性鮮奶油放入鋼盆打發，完成後，放入冰箱冷藏，備用。

2. 使用攪拌器，將卡士達粉、鮮奶拌勻。

3. 最後加入打發動物性鮮奶油拌勻，即完成「卡士達內餡」。

A+B 組合

1. 將冷卻後的蛋糕體翻面，撕開底部烤盤紙。

2. 使用抹刀平均抹上卡士達內餡。

3. 底部鋪紙，使用桿麵棍將蛋糕整體捲起來成圓筒狀。

4. 將蛋糕捲放入冰箱冷藏約半小時（待其定型），即可取出切片。

tips

- 蛋糕烤焙時，必須要確定蛋糕的熟度，不能烤過度，不然在捲蛋糕的過程中，很容易造成失敗。
- 卡士達粉在使用時，不能有結粒的狀況，這樣口感上才會滑順好吃。

Giraffe patternvanilla cake roll

長頸鹿香草蛋糕捲

· 製作時間：約 60 分鐘
· 難 易 度：★★★☆☆
· 製作數量：1 條
· 最佳賞味：3 天

材料

A 蛋糕捲

橘子水（罐頭）	300g
沙拉油	300g
低筋麵粉	225g
泡打粉	1g
蛋黃	250g
蛋白	500g
細砂糖	250g
濃縮咖啡粉	適量
深黑純可可粉	適量

B 卡士達內餡

動物性鮮奶油（打發）	150g
卡士達粉	175g
鮮奶	500g

A 蛋糕捲作法

1 將橘子水、沙拉油放入鋼盆，使用攪拌器拌勻。

2 加入低筋麵粉、泡打粉拌勻。

3 加入蛋黃拌勻，即成「蛋黃麵糊」。

4 將蛋白、細砂糖放入鋼盆，使用攪拌機打發至挺立，尖端呈微垂狀。

5 打發後，加入**作法 3** 的蛋黃麵糊混合拌勻。

6 將上述混合完成的蛋糕麵糊取出 50g。

7 加入濃縮咖啡液,以切拌的方式快速混勻,調出「深色咖啡麵糊」。

8 加入深黑純可可粉,以切拌的方式快速合勻,調出深色可可麵糊。

9 使用擠花袋取出咖啡麵糊。

10 使用擠花袋取出黑色麵糊。

11 先用擠花袋少量擠入咖啡色在鋪上烤盤紙的烤盤上。

12 在用擠花袋少量擠入黑色在鋪上烤盤紙的烤盤上。

13 再將剩餘完成的原味蛋糕麵糊倒入烤盤內,將蛋糕麵糊抹平。

14 放入烤箱以上火 190 /下火 150 烤焙約 10 分鐘。

15 將烤盤前後掉頭,溫度改成上火 150 /下火 150,繼續烤焙 10 分鐘。出爐後待蛋糕體冷卻,備用即可。

B 卡士達內餡作法

1

將動物性鮮奶油放入鋼盆
打發,完成後,放入冰箱
冷藏,備用。

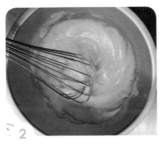

2

使用攪拌器,將卡士達粉、
鮮奶拌勻。

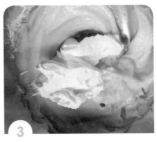

3

最後加入打發動物性鮮奶
油拌勻,即完成「卡士達
內餡」。

A+B 組合

1

將冷卻後的蛋糕體翻面,
撕開底部烤盤紙。

2

使用抹刀平均抹上卡士達
內餡。

3

底部鋪紙,使用桿麵棍將
蛋糕整體捲起來呈圓筒
狀。

4

將蛋糕捲放入冰箱冷藏約
半小時(待其定型),即
可切片。

 tips

- 蛋糕在染色的過程中,速度要快,否則容易造
  成消泡失敗。
- 蛋糕的花紋要先烤過後,底部的麵糊,才不會
  消失。
- 可以從淺色的顏色開始染,才不會造成浪費。

長頸鹿香草蛋糕捲

Zebra patternfresh creamcake roll

斑馬鮮奶油蛋糕捲

- 製作時間：約 60 分鐘
- 難 易 度：★★★☆☆
- 製作數量：1 條
- 最佳賞味：3 天

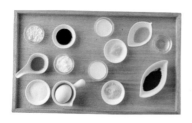

材料

A 蛋糕捲

新鮮橘子水 300g
沙拉油 300g
低筋麵粉 225g
泡打粉 1g
蛋黃 250g
蛋白 500g
細砂糖 250g
深黑純可可粉 .... 適量

B 卡士達內餡

動物性鮮奶油（打發）.... 150g
卡士達粉 175g
鮮奶 500g

A+B組合

蛋糕捲
卡士達內餡

A 蛋糕捲作法

1 將橘子水、沙拉油放入鋼盆，使用攪拌器拌勻。

2 加入低筋麵粉、泡打粉拌勻。

3 加入蛋黃拌勻，即成「蛋黃麵糊」。

4 將蛋白、細砂糖放入鋼盆，使用攪拌機打發至挺立，尖端呈微垂狀。

5 打發後，加入作法3的蛋黃麵糊混合拌勻。

6 將上述混合完成的蛋糕麵糊取出 50g。

⑦ 加入深黑純可可粉，以切拌的方式快速拌勻。

⑧ 使用擠花袋取出可可麵糊。

⑨ 少量擠入在鋪上烤盤紙的烤盤上，呈現波浪形。

⑩ 將完成的斑馬斑紋可可麵糊，放入烤箱中烘烤 2～3 分鐘（上火 200／下火 150 的），待麵糊熟化定型後，取出。

⑪ 再將剩餘完成的原味蛋糕麵糊倒入烤盤內，將蛋糕麵糊抹平。

⑫ 放入烤箱，以上火 190／下火 150 烤焙約 10 分鐘。

⑬ 將烤盤前後掉頭，溫度改為上火 150／下火 150 繼續烤焙 10 分鐘。

⑭ 出爐後待蛋糕體冷卻，備用。

B 卡士達內餡作法

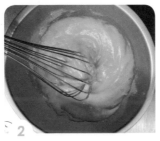

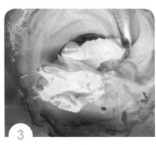

1 將動物性鮮奶油放入鋼盆打發，完成後，放入冰箱冷藏，備用。

2 使用攪拌器，將卡士達粉、鮮奶拌勻。

3 最後加入打發動物性鮮奶油拌勻，即完成「卡士達內餡」。

A+B 組合

1 將冷卻後的蛋糕體翻面撕開底部烤盤紙。

2 使用抹刀平均抹上卡士達內餡。

3 底部鋪紙，使用擀麵棍將蛋糕整體捲起來成圓筒狀。

4 將蛋糕捲冰至冷藏約半小時（待其定型），即可切片。

 tips

- 深黑純可可麵糊再使用前，可以加入適量的飲用水混合均勻，呈現液態狀。
- 蛋白在打發時，砂糖可以分兩次下，這樣作法可以增加蛋白的活性。

Strawberry pattern cake roll

草莓塗丫蛋糕捲

- 製作時間：約 60 分鐘
- 難 易 度：★★★☆☆
- 製作數量：1 條
- 最佳賞味：3 天

材料

A 蛋糕捲

新鮮橘子水	300g
沙拉油	300g
低筋麵粉	225g
泡打粉	1g
蛋黃	250g
蛋白	500g
細砂糖	250g
紅色天然色素	1～2g
濃縮咖啡液	適量
綠色天然色素	適量

B 卡士達內餡

動物性鮮奶油（打發）	150g
卡士達粉	175g
奶油	50g
鮮奶	500g

A+B組合

蛋糕捲
卡士達內餡

掃我看影片

A 蛋糕捲作法

1 將橘子水、沙拉油放入鋼盆，使用攪拌器拌勻。

2 加入低筋麵粉、泡打粉拌勻。

3 加入蛋黃拌勻，即成「蛋黃麵糊」。

4 將蛋白、細砂糖放入鋼盆，使用攪拌機打發至挺立，尖端呈微垂狀。

5 打發後，加入**作法 3** 的蛋黃麵糊混合拌勻。

6 將上述混合完成的蛋糕麵糊取出 50g。

7

加入紅色天然色素,以切拌的方式快速合勻,調出紅色草莓麵糊。

8

使用擠花袋取出紅色草莓麵糊。

9

使用擠花袋使少量擠入在鋪上烤盤紙的烤盤上。

10

將完成的紅色草莓圖案麵糊,放入烤箱烘烤 2～3 分鐘(上火 200／下火 150)的,待圖案麵糊熟化定型,取出。

11

再將剩餘完成的原味蛋糕麵糊倒入烤盤內,將蛋糕麵糊抹平。

12

放入烤箱以上火 200／下火 150 烤焙約 10 分鐘。

13

將烤盤前後掉頭,將溫度改為上火 150／下火 150 繼續烤焙 10 分鐘。

14

出爐後待蛋糕體冷卻,備用。

tips

- 蛋白在打發時砂糖可以分兩次下,增加蛋白的活性。
- 蛋糕在染色的過程中,速度要快不然很容易造成消泡失敗。

B 卡士達內餡作法

1. 將動物性鮮奶油放入鋼盆打發，完成後，放入冰箱冷藏，備用。

2. 使用攪拌器，將卡士達粉、鮮奶拌勻。

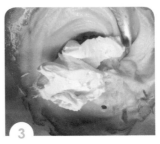

3. 最後加入打發動物性鮮奶油拌勻，即完成「卡士達內餡」。

A+B 組合

1. 將冷卻後的蛋糕體翻面撕開底部烤盤紙。

2. 使用抹刀，平均抹上卡士達內餡。

3. 底部鋪紙，使用擀麵棍將蛋糕整體捲成圓筒狀。

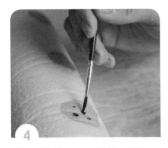

4. 將定型後的蛋糕捲打開，使用濃縮咖啡液在紅色草莓圖案上間隔畫上黑色小點。

5. 再以綠色天然色素畫上綠色蒂頭。

6. 將蛋糕捲放入冰箱冷藏冷藏約半小時（待其定型）及可切片。

Orange patterncake roll

柳橙塗ㄚ蛋糕捲

- 製作時間：約 60 分鐘
- 難 易 度：★★★☆☆
- 製作數量：1 條
- 最佳賞味：3 天

材料

A 蛋糕捲

橘子水（罐頭）.............	300g
沙拉油	300g
低筋麵粉	225g
泡打粉	1g
蛋黃	250g
蛋白	500g
細砂糖	250g

橘色、咖啡色、綠色天然色素
1～2g

B 卡士達內餡

動物性鮮奶油（打發）....	150g
卡士達粉	175g
奶油	50g
鮮奶	500g

A+B組合

蛋糕捲
卡士達內餡

A 蛋糕捲作法

1 將橘子水、沙拉油放入鋼盆，使用攪拌器拌勻。

2 加入低筋麵粉、泡打粉拌勻。

3 加入蛋黃拌勻，即成「蛋黃麵糊」。

4 將蛋白、細砂糖放入鋼盆，使用攪拌機打發至挺立，尖端呈微垂狀。

5 打發後，加入**作法 3** 的蛋黃麵糊混合拌勻。

6 將上述混合完成的蛋糕麵糊取出 50g。

7
加入橘色天然色素，以切拌的方式快速混勻，調出橘色柳橙麵糊。

8
使用擠花袋取出橘色柳橙麵糊。

9
少量擠入在鋪上烤盤紙的烤盤上，仔細擠畫出橘色柳橙圖案。

10
再將剩餘完成的原味蛋糕麵糊倒入烤盤內，將蛋糕麵糊抹平。

11
放入烤箱，以上火 190 ／下火 150 烤焙約 10 分鐘。

12
將烤盤前後掉頭，溫度改為上火 150 ／下火 150 繼續烤焙 10 分鐘，出爐後，待蛋糕體冷卻，備用可。

---

tips

- 蛋糕在染色的過程中，速度要快不然很容易造成消泡失敗。
- 蛋糕的花紋要先烤過後，底部的麵糊才不會消失。
- 家用烤箱最好選用有上下火調整的烤箱，這樣在製作過程中，產品才不會因為溫度受熱不均產生失敗的現象，若是使用家用烤箱建議本書上所標示爐溫減少 10 ～ 20 度即可。

B 卡士達內餡作法

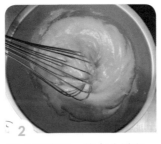

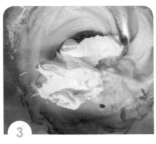

1 將動物性鮮奶油放入鋼盆打發，完成後，放入冰箱冷藏，備用。

2 使用攪拌器，將卡士達粉、鮮奶拌勻。

3 最後加入打發動物性鮮奶油拌勻，即完成「卡士達內餡」。

A+B 組合

1 將冷卻後的蛋糕體翻面，撕開底部烤盤紙。

2 使用抹刀平均抹上卡士達內餡。

3 底部鋪紙，使用擀麵棍將蛋糕整體捲成圓筒狀。

4 將定型後的蛋糕捲打開，使用咖啡色天然色素在橘色柳橙圖案上間隔畫上蒂頭。

5 再以綠色天然色素畫上綠色葉子。

6 再將蛋糕捲放入冰箱冷藏約半小時（待其定型）即可切片。

World champion of the dessert of happiness

PART 8

&

夾層蛋糕類
Sandwich cakes type

Strawberry fresh cream cake

草莓鮮奶油蛋糕

· 製作時間：	約 120 分鐘
· 難易度：	★★★★☆
· 製作數量：	1 個
· 最佳賞味：	3 天

戚風蛋糕的口感鬆綿細緻極富彈性，再組合
打發植物鮮奶油，搭配當季水果口味的變化，
用擠花袋特殊花嘴擠出一瓣瓣的玫瑰花裝飾，
華麗優雅的蛋糕造型充滿濃情蜜意，不僅是
滿足了視覺，吃在嘴裡也會倍感幸福的魔力。

材料

戚風蛋糕

鮮奶	9g
沙拉油	90g
香草精	3g
低筋麵粉	130g
蛋黃	150g
蛋白	300g
細砂糖	150g
塔塔粉	1g

戚風蛋糕+組合

植物性鮮奶油500g（打發）
新鮮草莓500g

戚風蛋糕作法

①
將鮮奶、沙拉油、香草精放入煮鍋,以中小火加熱至溫熱(勿沸騰)。

②
加入低筋麵粉拌勻。

③
再加入蛋黃拌勻,即成「蛋黃麵糊」。

④
蛋白、細砂糖、塔塔粉放入鋼盆,使用攪拌機打發至挺立,尖端呈微垂狀。

⑤
取出1/3量的打發後蛋白,加入作法3的蛋黃麵糊預先混合拌勻。

⑥
再將剩餘2/3量蛋白加入拌勻,混拌至整體麵糊光亮均勻不消泡。

⑦
再將完成麵糊倒入8吋蛋糕模中至八分。

⑧
輕敲蛋糕模使麵糊平整。

⑨
放入烤箱烤焙約45～50分鐘(以上火200/下火180)。出爐後整模倒扣至出爐架上待蛋糕體冷卻,備用。

戚風蛋糕＋組合

1. 將植物性鮮奶油放入鋼盆打發至挺立狀。

2. 將新鮮草莓洗淨擦乾，切成丁狀。

3. 將整體冷卻後的戚風蛋糕脫模，橫切成片狀（切三等份）。

4. 在底部第一層蛋糕體，先抹上薄薄一層植物性鮮奶油。

5. 平均鋪上草莓丁，再抹上薄薄一層植物性鮮奶油。

6. 鋪蓋上第二層蛋糕體，再抹上一層植物性鮮奶油、鋪上草莓丁。

7. 最後將第三層蛋糕鋪蓋上，輕壓將其緊密結合，放入冰箱冷藏約一小時（待其定型）。

8. 將蛋糕體取出，在表面抹上植物性鮮奶油至光滑平整。

9. 在側面抹上植物性鮮奶油至光滑平整。

10 完成後放上金底紙盤。

11 用擠花袋幾出玫瑰花瓣內圈。

12 用擠花袋幾出玫瑰花瓣中圈。

13 用擠花袋擠出玫瑰花瓣外圈。

14 用剪刀把玫瑰花取出。

15 總共擠上三朵玫瑰花。

16 用染好顏色的鮮奶油在旁邊點綴,即成。

tipS

- 冰過蛋黃再使用前,可以先用溫水降至室溫,打發形成的速度會比較快。
- 要畫出漂亮的生日蛋糕,植物性鮮奶油再打發時要用低速打發,才不會有大量的空氣打入,造成氣洞太大導致蛋糕表面不平滑。

Oreo chocolate cake

OREO 巧克力蛋糕

- 製作時間：約 120 分鐘
- 難 易 度：★★★★☆
- 製作數量：1 個
- 最佳賞味：3 天

將現今流行的巧克力 OREO 餅乾應用在鮮奶油蛋糕上，先將 OREO 餅乾脆碎與白色鮮奶油混合，像孩子愛吃的巧克力冰炫風，再裝飾整塊的 OREO 餅乾，整體的巧克力蛋糕造型，簡直是令人無法抵抗，洋溢著滿滿的幸福享受。

材料

OREO巧克力蛋糕

水	275g
可可粉	121g
沙拉油	206g
奶油	165g
蛋黃	300g
低筋麵粉	121g
玉米粉	50g
蛋白	480g
砂糖	250g
塔塔粉	1～2g

OREO巧克力蛋糕+組合

OREO巧克力蛋糕
植物性鮮奶油500g（打發）
OREO巧克力餅乾碎
OREO巧克力餅乾

OREO 巧克力蛋糕作法

1

先將水煮至小滾,再加入可可粉攪拌均勻。

2

加入沙拉油、奶油、蛋黃攪拌均勻。

3

加入低筋麵粉和玉米粉輕輕將整體拌勻。

4

蛋白、細砂糖、塔塔粉放入鋼盆,使用攪拌機打發至挺立,尖端呈微垂狀。

5

取出 1/3 量的打發後蛋白,加入**作法 3** 的蛋黃麵糊預先混合拌勻。

6

再將剩餘 2/3 量蛋白加入拌勻,混拌至整體麵糊光亮均勻不消泡。

7

再將完成麵糊倒入 8 吋蛋糕模中至八分滿,輕敲蛋糕模(使麵糊平整)。

8

放入烤箱烤焙約 45 ~ 50 分鐘(以上火 200 /下火 180)。

9

出爐後,整模倒扣至出爐架上待蛋糕體冷卻,備用。

OREO 巧克力蛋糕＋組合

1. 將植物性鮮奶油放入鋼盆打發至挺立狀。

2. 將 OREO 巧克力餅乾敲碎成小塊狀。

3. 將整體冷卻後的巧克力海綿蛋糕脫模。

4. 將蛋糕體橫切片狀（切成三等份）。

5. 在第一層蛋糕體，抹上一層植物性鮮奶油，鋪上 OREO 巧克力餅乾。

6. 重複步驟 5 製作第二層、第三層蛋糕體，然後放入冰箱冷藏約一小時（待其定型）。

7. 將蛋糕體取出，在表面抹上植物性鮮奶油至光滑平整。

8. 在完成好的蛋糕上擠上鮮奶油裝飾，撒上巧克力碎撲平。

9. 最後在表面裝飾放上 OREO 巧克力餅乾，即成。

Classic baileys cake
金鑲貝詩禮蛋糕

- 製作時間：約 120 分鐘
- 難 易 度：★★★★★
- 製作數量：1 個
- 最佳賞味：3 天

貝禮詩蛋糕是著名的巧克力蛋糕，材料是採用多層巧克力杏仁蛋糕體堆疊，加上貝禮詩奶酒香，苦甜交錯是一道有品味的點心。是一道培養耐心及毅力的作品，濃香的巧克力層次口感，含在嘴裡增添幸福的感覺。

材料

A 巧克力杏仁蛋糕

水 300g
細砂糖 190g
奶油 570g
低筋麵粉 230g
可可粉 230g
杏仁粉 230g
泡打粉 8g
蛋黃 570g
蛋白 1020g
細砂糖 380

B 貝禮詩甘納許

動物性鮮奶油 290g
苦甜巧克力 195g
純苦巧克力 20g
貝禮詩奶酒 15g

C 榛果可可巴瑞脆片

榛果醬 200g
牛奶巧克力 100g
可可巴瑞脆片 100g

D 貝禮詩奶酒糖酒水

純水 170g
細砂糖 170g
貝禮詩奶酒 70g

E 牛奶巧克力淋面

牛奶巧克力 278g
可可脂 8g
奶油 158g

A+B+C+D+E組合

巧克力杏仁蛋糕
貝禮詩甘納許
榛果可可巴瑞脆片
貝禮詩奶酒糖酒水
牛奶巧克力淋面

A 巧克力杏仁蛋糕作法

1
將水、細砂糖（190g）、奶油煮熱小滾。

2
將低筋麵粉、可可粉、杏仁粉、泡打粉加入拌均勻。

3
將蛋黃加入麵糊中拌勻。

4
蛋白、細砂糖（380g）、塔塔粉放入鋼盆，使用攪拌機打發至挺立，尖端呈微垂狀。

5
取出 1/3 量的打發後蛋白，加入作法 3 的蛋黃麵糊預先混合拌勻。

6
再將剩餘 2/3 量蛋白加入拌勻，混拌至整體麵糊光亮均勻不消泡。

7
將完成的蛋糕麵糊倒入鋪好烤盤紙的烤盤上，將其抹平。

8
放入烤箱烤焙約 10 分鐘（上火 200 ／下火 180）。

9
將烤盤前後掉頭，溫度改為上火 170 ／下火 150 繼續烤焙 6 分鐘。

B 貝禮詩甘納許作法

將動物性鮮奶油放入煮鍋，以中小火煮至沸騰。

立即沖入融解好的苦甜巧克力、純苦巧克力中拌勻。

最後加入貝禮詩奶酒拌勻，即成「貝禮詩甘納許」。

C 榛果可可巴瑞脆片作法

將切碎牛奶巧克力、榛果醬倒入煮鍋中，以中小火隔水加熱的方式融化。

加入可可巴瑞脆片，備用。

用橡皮刮刀拌均即可。

D 貝禮詩奶酒糖酒水

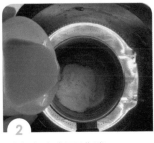

將純水、細砂糖、貝禮詩奶酒放入煮鍋混勻。

以中小火煮至沸騰。

放涼，即成。

世界冠軍的幸福甜點

E 牛奶巧克力淋面作法

1

將切碎苦甜巧克力、可可脂裝入煮鍋中，以中小火隔水加熱的方式融化。

2

加入奶油、貝禮詩奶酒攪拌均勻。

3

完成夾層內餡。

A+B+C+D+E 組合

1

將巧克力杏仁蛋糕裁成三片（長寬大小一致）。

2

將第一層蛋糕鋪上榛果可可巴瑞脆片後，放入冰箱冷藏約半小時（待其凝固）。

3

取出後，在蛋糕抹上一層薄薄貝禮詩甘納許。

4

接著鋪放上第二層蛋糕，將一、二層蛋糕輕輕壓緊。

5

抹上一層貝禮詩奶酒糖酒水。

6

再於第二層蛋糕上，抹上薄薄貝禮詩甘納許，將其抹平。

7
放上第三層蛋糕,將一、二、三層蛋糕輕輕壓緊。

8
再於第三層蛋糕上,抹上薄薄貝禮詩甘納許,將其抹平。

9
將牛奶巧克力淋面淋覆於表面,將其抹平,再放入冰箱冷藏約半小時(待表面凝固)。

10
待表面凝固不沾黏後,將其取出切成正方形18x18cm。

11
用噴火槍燒面防止結霜。

12
將蛋糕放入盤中裝飾灑上開心果。

13
將蛋糕上方擺上糖花和水果,即成。

tipS

- 巧克力杏仁蛋糕中,可以刷上貝禮詩奶酒糖酒水,不但可以增加蛋糕香氣又有保濕的作用,這個動作是製作此道蛋糕非常重要的環節。
- 在巧克力甘那許中添加,會讓巧克力更加的濃郁好吃。
- 牛奶巧克力淋面可以在最後倒入在最上層,移入冰箱冷凍保存,即可。

Chest cake

金幣藏寶盒蛋糕

- 製作時間：約 120 分鐘
- 難 易 度：★★★★★
- 製作數量：4 個
- 最佳賞味：3 天

這是一款重奶油口味的蛋糕，口感比較紮實，最吸睛的創意，是將蛋糕體中間挖空，放入金幣巧克力，外層塗抹好吃的鮮奶油，再搭配漂亮翻糖花裝飾，神秘的藏寶帶來驚喜，或是藏入情人節禮物，注入滿滿的濃情蜜意！

材料

A 原味奶油霜

奶油	500g
糖粉	50g

B 柑橘重奶油蛋糕

杏仁膏（蛋糕用）	155g
細砂糖	125g
精鹽	2g
奶油	350g
蛋黃	285g
檸檬醬	12g
香草醬	2.5g
動物性鮮奶油	65g
橘絲醬	350g
低筋麵粉	270g
高筋麵粉	155g
泡打粉	6g

A+B組合

柑橘重奶油蛋糕
原味奶油霜（打發）250g
錢幣型苦甜巧克力250g

A 原味奶油霜作法

1. 使用攪拌器將奶油打發至稍微泛白。

2. 再加入糖粉繼續打發至整體均勻呈挺立狀。

3. 裝入菊花型花嘴擠花袋。

掃我看影片

金幣藏寶盒蛋糕 191

B 柑橘重奶油蛋糕作法

①
將奶油、杏仁膏放入鋼盆，使用攪拌機拌至無顆粒。

②
加入砂糖、精鹽繼續打發（至稍微泛白蓬鬆）。

③
將蛋黃分次加入拌勻乳化。

①
繼續加入檸檬醬、香草醬、動物性鮮奶油、橘絲醬拌勻乳化。

②
加入低筋麵粉、高筋麵粉、泡打粉整體拌勻，備用。

③
再將完成麵糊倒入 8 吋蛋糕模中至八分滿，輕敲蛋糕模使麵糊平整。

①
放入烤箱烤焙約 20 分鐘（以上火 190 ／下火 180）。

②
將烤盤前後掉頭，溫度改為上火 160 ／下火 180 繼續烤焙 20 分鐘。

③
出爐後，整模倒扣，放置轉台（待蛋糕體冷卻），備用。

A+B 組合

1　將植物性鮮奶油放入鋼盆，使用攪拌器打發至挺立狀。

2　將整體冷卻後的蛋糕脫模，並將蛋糕體橫切成片狀（切成五等份）。

3　使用4吋圓形切模，將第2層與第3層蛋糕的中間挖空，呈現中空狀。

4　結合4層蛋糕體呈中空狀後，將錢幣型苦甜巧克力裝進蛋糕中空洞中。

5　將第5層蛋糕蓋在上面，放入轉台。

6　整體蛋糕組合完成後，在表面與側面抹上原味奶霜至光滑平整。

7　用鋸尺刮板在蛋糕側邊劃紋路，然後用抹刀將蛋糕上方抹平整。

8　將打發鮮奶油擠出花形。

9　取各顏色翻糖用桿麵棍壓平，再用壓花器壓出各式造型花朵，在蛋糕表面製作各式造型裝飾，即成。

Birthday chiffon cake

生日戚風蛋糕

- ・製作時間：約 120 分鐘
- ・難 易 度：★★★★☆
- ・製作數量：1 個
- ・最佳賞味：3 天

戚風蛋糕是用打發極細緻的蛋白霜製成，口感鬆軟細綿，入口即化，而且適合冷藏，搭配打發的植物性鮮奶油和水果夾心，更是令人難以抗拒，也難怪成為永遠不褪流行的生日禮物。

材料

戚風蛋糕

鮮奶 9g
沙拉油 90g
香草精 3g
低筋麵粉 130g
蛋黃 150g
蛋白 300g
細砂糖 150g
塔塔粉 1g

戚風蛋糕+組合

戚風蛋糕
植物性鮮奶油500g（打發）
新鮮草莓丁500g
季節新鮮水果250g

戚風蛋糕作法

1 將鮮奶、沙拉油、香草精放入煮鍋，以中小火加熱至溫熱（勿沸騰）。

2 加入低筋麵粉拌勻。

3 再加入蛋黃拌勻，即成「蛋黃麵糊」。

4 將蛋白、細砂糖、塔塔粉放入鋼盆，使用攪拌機打發至挺立，尖端呈微垂狀。

5 取出 1/3 量的打發後蛋白，加入作法 3 的蛋黃麵糊預先混合拌勻。

6 再將剩餘 2/3 量蛋白加入拌勻，混拌至整體麵糊光亮均勻不消泡。

7 再將完成麵糊倒入 8 吋蛋糕模中至八分。

8 輕敲蛋糕模使麵糊平整。

9 出爐後整模倒扣至出爐架上待蛋糕體冷卻，備用。

戚風蛋糕 + 組合

1 將植物性鮮奶油放入鋼盆打發至挺立狀。

2 將整體冷卻後的戚風蛋糕脫模，橫切成片狀（切三等份）。

3 在底部第一層蛋糕體，先抹上薄薄一層植物性鮮奶油。

4 平均鋪上草莓丁，再抹上薄薄一層植物性鮮奶油。

5 鋪蓋上第二層蛋糕體，再抹上一層植物性鮮奶油、鋪上草莓丁。

6 最後將第三層蛋糕鋪蓋上，輕壓將其緊密結合，放入冰箱冷藏約一小時（待其定型）。

7 將蛋糕體取出，在表面抹上植物性鮮奶油至光滑平整。

8 在表面裝飾擠花朵和葉子，擠上鮮奶油。

9 放上季節新鮮水果，在水果表層擦上果膠。最後用溶解的巧克力液，書寫「生日快樂」字樣，即成。

世界冠軍烘焙職人
作者／楊嘉明
超人氣甜點

作　　者／楊嘉明
烘焙助理／夏宜邦
選 書 人／林小鈴
主　　編／陳玉春
行銷企劃／林明慧
行銷經理／王維君
業務經理／羅越華
視覺總監／陳栩椿
總 編 輯／林小鈴
發 行 人／何飛鵬
出　　版／新手父母出版
　　　　　台北市民生東路二段141號8樓
　　　　　電話：（02）2500-7008　傳真：（02）2502-7676
　　　　　E-mail：bwp.service@cite.com.tw
發　　行／英屬蓋曼群島商家庭傳媒股份有限公司城邦分公司
　　　　　台北市中山區民生東路二段141號2樓
　　　　　書虫客服服務專線：02-25007718；25007719
24小時傳真專線：02-25001990；25001991
服務時間：週一至週五9:30～12:00；13:30～17:00
讀者服務信箱E-mail：service@readingclub.com.tw
劃撥帳號：19863813；戶名：書虫股份有限公司
香港發行／香港灣仔駱克道193號東超商業中心1樓
電話：852-25086231 傳真：852-25789337
電郵：hkcite@biznetvigator.com
馬新發行／城邦（馬新）出版集團41, JalanRadinAnum, Bandar Baru Sri Petaling,
57000 Kuala Lumpur, Malaysia.
電話：603-905-78822　傳真：603- 905-76622　電郵：cite@cite.com.my

美術設計／罩亮設計工作室
攝　　影／子宇影像工作室‧徐榕志
攝影助理／子宇影像工作室‧蕭建原
製版印刷／科億資訊科技有限公司
初版一刷／2017年2月21日
二版一刷／2018年12月13日
定　　價／400元
ISBN：978-986-5752-53-8(平裝)有著作權‧翻印必究（缺頁或破損請寄回更換）
EAN：471-770-290-532-3

國家圖書館出版品預行編目資料

世界冠軍烘焙職人超人氣甜點/ 楊嘉明著. --
初版. -- 臺北市：新手父母出版：家庭傳媒城
邦分公司發行, 2017.02 面；公分. -- (未歸類系
列；SX0024X)
ISBN 978-986-5752-53-8(平裝)

1.點心食譜
427.16　　　　　　　　　　　　　　106001280

本書特別感謝廠商協助：
台北市建國花市攤位：小仙小窩（提供泥作娃娃）；王宏龍先生＆施鈺慧小姐

Pâtisserie
ERSTE 艾斯特烘焙

 憑本券購買 **珠寶櫃系列蛋糕** 全面 **85**折
期間限定：2018年12月15日～2019年3月31日

| 注意事項 |
· 本優惠不得與其他優惠合併使用。
· 本券限用乙次，正本為憑，影印無效。
· 主辦單位保有活動修改、中止權利。

（本優惠以現場陳列商品為主）

店鋪資訊 │ 台北市信義路三段124號 │ 02-2708-7855 │ FB：Erste艾斯特烘焙

Pâtisserie
ERSTE 艾斯特烘焙

憑本券購買 **麵包系列** 滿 **200** 元享 **9** 折優惠
期間限定：2018年12月15日～2019年3月31日

| 注意事項 |
· 本優惠不得與其他優惠合併使用。
· 本券限用乙次，正本為憑，影印無效。
· 主辦單位保有活動修改、中止權利。

店鋪資訊 │ 台北市信義路三段124號 │ 02-2708-7855 │ FB：Erste艾斯特烘焙

Pâtisserie
ERSTE 艾斯特烘焙

 憑本券購買 **伴手禮系列商品** 滿 **1000** 元 享 **9** 折優惠
期間限定：2018年12月15日～2019年3月31日

| 注意事項 |
· 本優惠不得與其他優惠合併使用。
· 本券限用乙次，正本為憑，影印無效。
· 主辦單位保有活動修改、中止權利。

請沿虛線剪下

店鋪資訊 │ 台北市信義路三段124號 │ 02-2708-7855 │ FB：Erste艾斯特烘焙